上海科技发展基金会资助项目

好孩子，你怎么啦？

孩子成长过程中的情绪管理密钥

荣誉主编　吕飞舟
科普指导　杨青敏
主　　编　乔建歌
　　　　　李　丽

上海交通大学出版社
SHANGHAI JIAO TONG UNIVERSITY PRESS

内容提要

本书是有关家庭、学校在孩子成长过程中的情绪心理管理的科普图书，主要介绍了孩童各成长阶段的不同特点，各阶段在生活和学习中常见的情绪变化，给出家庭、学校和专业机构在儿童、青少年情绪管理上的相关技巧，以帮助父母、老师更好地识别孩子的情绪变化，科学正确帮助孩子接纳、表达并自助调节情绪。书中还重点分析了一些孩子成长过程中可能出现的情绪危机（心理问题），如抑郁、焦虑、注意力缺陷、自伤自残倾向、成瘾等，给出了疗愈相应策略和指导，并为家庭照顾者、学校老师提供了可以查找的互助资源，以备不时之需。

希望通过本书，让照护者关注孩子的情绪与心理，与孩子建立起相互信任、相互尊重的关系，共同构建和谐的家校情绪氛围。

图书在版编目 (CIP) 数据

好孩子, 你怎么啦?：孩子成长过程中的情绪管理密钥 / 乔建歌, 李丽主编 . -- 上海：上海交通大学出版社，2025.4. -- ISBN 978-7-313-32368-2

Ⅰ. B842.6；G782

中国国家版本馆 CIP 数据核字第 20255GG791 号

好孩子，你怎么啦？——孩子成长过程中的情绪管理密钥
HAOHAIZI, NI ZENMELA?——HAIZI CHENGZHANG GUOCHENGZHONG DE QINGXU GUANLI MIYAO

主　　编：乔建歌　李　丽
出版发行：上海交通大学出版社　　　　　地　　址：上海市番禺路 951 号
邮政编码：200030　　　　　　　　　　　电　　话：021-64071208
印　　刷：常熟市文化印刷有限公司　　　经　　销：全国新华书店
开　　本：880mm×1230mm　1/32　　　印　　张：7.75
字　　数：214 千字
版　　次：2025 年 4 月第 1 版　　　　　印　　次：2025 年 4 月第 1 次印刷
书　　号：ISBN 978-7-313-32368-2　　　音像书号：ISBN 978-7-88941-699-3
定　　价：48.00 元

编 委 会

李　丽　上海交通大学医学院附属精神卫生中心

李　晨　复旦大学附属上海市第五人民医院

李霄凌　上海市杨浦区精神卫生中心

杨青敏　复旦大学附属上海市第五人民医院

轩　妍　复旦大学附属儿科医院海南分院

宋　燕　上海交通大学医学院附属仁济医院

张　璐　同济大学附属东方医院

项李娜　上海交通大学医学院附属精神卫生中心

胡晓静　复旦大学附属儿科医院

黄　烨　上海市闵行区精神卫生中心

曹均艳　上海市闵行区中心医院

曹明节　上海交通大学医学院附属第九人民医院

龚　晨　复旦大学附属中山医院

董瑶瑶　复旦大学附属儿科医院

童亚慧　苏州大学附属第一医院

简雅玲　上海交通大学医学院附属精神卫生中心

插　图

李　炯　上海工艺美术职业学院

在这个快节奏、高压力的时代，每一个家庭都承载着对未来的无限憧憬与期许，而孩子们，作为家庭的希望与梦想的延续，他们的成长之路，无疑是每位父母心中最柔软也最牵挂的部分。然而，随着社会的不断发展和变迁，孩子们所面临的挑战与压力也日益复杂多样，他们的情绪与心理世界，有时就像一片未被充分探索的迷雾森林，既充满了神秘与未知，又隐藏着不为人知的秘密与挑战。

《好孩子，你怎么啦？——孩子成长过程中的情绪管理密钥》一书，正是基于这样一份深切的关怀与忧虑而诞生的。我们深知，作为家长、教师和每一位关心孩子成长的人，正确理解并应对孩子的情绪与心理变化，是帮助他们健康成长的关键。本书由来自上海市心理、护理、临床医学专业的专家倾情打造，凝练出科学、系统的主题分类，以叙事的方式带领读者走进孩子的内心世界，探索不同成长阶段那些看似微妙却至关重要的情感波动与心理轨迹。

家庭，是爱的港湾，也是情绪启蒙的第一课堂。家庭，是孩子成长的摇篮，也是他们情感与性格塑造的起点。在家庭中，父母的言行举止、家庭氛围的营造、亲子关系的建立，无一不在潜移默化地影响着孩子的情绪认知与处理问题的能力。

本书将深入探讨家庭环境对孩子情绪心理的影响，指导家长如何成为孩子情绪的引导者与支持者，共同营造一个温馨、和谐、充满爱的成长环境。

学校是知识的殿堂，也是认知和情绪教育的重要场所。学校，作为孩子社会化的重要舞台，不仅传授知识，更应承担起认知和情绪教育的责任。本书将关注学校教育中认知和情绪教育的缺失与不足，提出切实可行的建议，帮助教师和管理者成为学生认知情绪的倾听者、理解者和辅导者。通过课堂内外的活动设计、心理健康教育课程的开展等方式，让学生在学习的同时，也能学会如何识别、表达和管理自己的情绪，为未来的生活奠定坚实的基础。

专业关注，照亮孩子的心灵。除了家庭与学校的努力外，专业的心理咨询与辅导也是孩子心理健康不可或缺的一部分。本书将介绍儿童心理学的基本原理、常见情绪问题的识别与干预策略，以及家长如何与专业人士合作，为孩子提供及时、有效的心理支持。我们相信，通过科学的方法与专业的指导，我们能够更好地理解和帮助那些在情绪与心理上遭遇困扰的孩子，让他们重新找回内心的平静与力量。

总之，《好孩子，你怎么啦？——孩子成长过程中的情绪管理密钥》这本书，是解码孩子成长过程中情绪与心理的钥匙，是我们对孩子们深沉爱意的表达，也是给每一位关心孩子健康成长的读者的指南。让我们携手并进，用爱与智慧，为孩子们的成长之路点亮一盏明灯，引领他们穿越情绪的迷雾，探索更加广阔、阳光的未来！

复旦大学附属上海市第五人民医院院长

　　孩子的成长，始终是父母心中最深的牵挂。他们是家庭的希望，承载着无限的未来。孩子们的笑容，如春日暖阳般温暖人心；他们的泪水，又似秋雨般触动心灵深处。然而，时代变迁，孩子们所面临的环境日趋复杂，他们的内心世界也仿佛一片幽深而神秘的森林，既充满探索的乐趣，又潜藏着未知的挑战。

　　《好孩子，你怎么啦？——孩子成长过程中的情绪管理密钥》这本书，正是一把开启孩子内心世界的钥匙。它不仅是一部专业的科普作品，还是一份实用的成长指南，引领父母、教师以及所有关注孩子成长的人们，走进孩子的世界，陪伴他们健康茁壮地成长。

　　本书的撰写，凝聚了精神卫生医疗机构编者们的智慧与心血。他们是奋战在心理健康第一线的守护者，与孩子及其家庭并肩作战，共同面对孩子成长中的种种挑战。他们见证了无数家庭的欢笑与泪水，深刻体会到理解孩子情绪与心理变化的重要性。因此，他们提供丰富的临床真实案例，与综合医院的同行们一道，从专业且充满人文关怀的视角，审视孩子不同成长阶段中常见的情绪问题和挑战，并从家庭、学校和专业层面，提供切实可行的应对策略，鼓励并共同营造孩子成长的温暖港湾。

一、走进孩子的情绪世界：理解与共情

孩子们的情绪世界是丰富而多变的。从婴幼儿期的懵懂无知，到学龄前期的活泼好奇，再到学龄期的学业压力，直至青春期的叛逆与自我探索，每个阶段都充满着独特的挑战。例如，曾有一个原本活泼开朗的学龄前儿童，突然变得沉默寡言，不再愿意与同龄人玩耍。深入了解后发现，由于父母工作繁忙，疏于陪伴，导致孩子产生了被忽视的感觉。在医护人员的引导下，孩子的父母逐渐意识到问题的严重性，并调整了工作与生活节奏，增加了与孩子的互动时间。不久之后，孩子的情绪逐渐恢复正常，脸上重新绽放了笑容。

这个案例深刻地提醒我们，孩子的情绪变化往往与家庭环境息息相关。作为家长，我们需要时刻关注孩子的情绪状态，给予他们足够的关爱与陪伴。更重要的是，要学会倾听孩子的心声，理解他们的需求与困惑，帮助他们走出情绪的困境。

二、应对心理挑战的策略：支持与引导

面对孩子成长过程中的心理挑战，仅仅理解他们的情绪变化是远远不够的，我们更需要掌握正确的应对策略。这些策略对于家长、教师以及每一个关心孩子成长的人都具有极高的参考价值。

学龄期，孩子们面临着学业压力与同伴关系的挑战。曾有一个孩子因成绩下滑而陷入自卑情绪，在医护人员的帮助下，他学会了正视自己的不足，制订个性化的学习计划。在同伴的

支持下，他逐步提高学习成绩，并学会面对挫折，保持自信与乐观。

青春期，孩子们的情绪与心理变化尤为剧烈。在这个阶段，他们不仅要面对生理上的变化，还要应对来自家庭、学校以及社会的各种压力。曾有一个因家庭矛盾而陷入抑郁情绪的青春期少女，在医护人员的专业指导下，她学会了如何表达自己的情感，与父母进行有效沟通，最终走出了抑郁的阴影。

这些案例告诉我们，面对孩子的心理挑战，简单粗暴的批评或指责只会适得其反。相反，我们应该给予他们充分的理解、包容和支持，帮助他们找到解决问题的方法，培养他们的自我调适能力。

三、用爱与智慧点亮成长之路：陪伴与赋能

在孩子的成长过程中，爱与智慧是不可或缺的两大要素。爱能够给予他们温暖与力量，而智慧则能够帮助他们更好地应对生活中的挑战。

作为家长，我们需要时刻关注孩子的情绪与心理变化，用爱去滋养他们的心灵。当孩子遇到困难时，我们要给予他们足够的鼓励与支持，让他们感受到来自家庭的温暖与力量。同时，我们也要学会运用智慧去引导孩子，帮助他们树立正确的价值观与人生观，培养他们独立思考与解决问题的能力。

作为教师，不仅要关注学生的学业成绩，更要关注他们的心理健康。我们要学会倾听学生的心声，理解他们的困惑与需求，为他们提供必要的支持。同时，也要营造积极向上的班级氛围，让学生在轻松愉快的环境中成长。

作为社会的一分子，我们有责任为孩子们创造一个更加健康、和谐的环境。关注青少年心理健康，加强教育与宣传，提高公众对儿童青少年心理健康的认识与重视程度，刻不容缓。

四、期待与愿景：共同守护，照亮未来

在撰写这本书的过程中，我们深感责任重大。我们期望每一位读者都能从中获得宝贵的启发与帮助，无论是在理解孩子的情绪变化上，还是在应对孩子的心理挑战时。我们更希望这本书能够引发更多的讨论与思考，激发更多的成年人参与到孩子成长的旅程中来，共同为孩子们的美好未来贡献力量。

最后，我们想对所有的孩子说：你们是这个世界上最珍贵的宝藏，你们的健康成长是我们最大的心愿。让我们携手并肩，用爱与智慧为你们的成长之路点亮一盏明灯，引领你们穿越情绪的迷雾，探索更加宽广、光明的未来！

我们衷心希望这本书能为所有关心孩子成长的人们提供有价值的参考与指导。让我们共同努力，为孩子们的健康成长保驾护航！

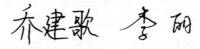

2024 年 12 月 6 日

目录

第一章
探索最初的世界
（0~3 岁）

　　婴儿期是情绪发育的初始阶段，指从出生到 1 岁，是个体情绪发展的重要起点，此阶段情绪主要以基本情绪为主，如快乐、愤怒、恐惧和惊讶。

　　婴儿会通过面部表情、哭泣和身体动作表达情感，当婴儿感到饥饿或不适时，会通过哭泣来引起照顾者的注意；相反，当他们感到舒适、温暖时，会展现出微笑和放松的体态。此外，婴儿期容易因外界环境变化而产生情绪波动，如声音变大或光线变亮，婴儿可能会感到惊慌，从而表现出哭泣或不安的情绪反应。在此时期，虽然婴儿尚未具备复杂的情绪管理能力，但已经开始显示出对周围环境的反应，例如，当他们看到陌生人时，可能会表现出恐惧，而在熟悉的人面前，则会表现得更加放松，这种对环境变化的敏感性，是他们未来学习如何调节和管理情绪的重要基础。

　　进入 1~3 岁的幼儿期后，孩子开始体验更复杂的情绪，如羞愧、内疚和自豪等。例如，当他们完成一项任务或获得赞扬时，可能会感到自豪；而在犯错或未能达到期望时，则可能会感到内疚或羞愧。

在幼儿期，孩子逐渐学会识别他人的情感，并开始模仿成人的情绪反应。同时，随着语言能力的发展，他们能够更好地表达自己的情感需求。此外，丰富的社会交往经历使他们逐渐学会如何调节自己的情绪，理解他人的需求，从而促进同理心的发展。总体而言，幼儿期是孩子体验复杂情绪变化的重要阶段，通过模仿和社交互动，他们能够识别和管理自己的情感。

（简雅玲）

第 1 节　黏人：亲密依恋关系的自然表现

母婴关系是生命的第一关系，幼小的生命从出生的一刻起，就自然而然地依恋母亲，在母亲的关爱呵护下成长。婴幼儿对母亲的依恋是一种与生俱来的情结，能给婴幼儿带来生理和心理上的安全感，能让婴幼儿在与亲人的交流中释放压力及不良情绪。而现实生活中，很多父母把幼儿"黏人"视为缺点，学前教育专家特别指出，幼儿"黏人"不仅不是坏习惯，适当"黏人"还有利于将来的沟通和交流。不安全型依恋将成为个体成长过程中一系列心理疾患的成因，包括人格障碍、精神分裂、抑郁、孤僻、行为异常及学业竞争力低等。那么，让我们来一起揭开亲密依恋关系的神秘面纱。

案例故事 📖

小明 2 岁了，是一个活泼可爱的孩子，但最近他变得特别黏人，总是紧紧地跟着妈妈，不愿意离开妈妈身边。妈妈坐在椅子上休息时，小明就坐在她的腿上，紧紧地搂着她的脖子。当妈妈试图起身去拿东西时，小明就会开始哭闹，不愿意让妈妈离开他的视线。在和其他小朋友一起玩的时候，小明也会时不时地跑回妈妈身边，确认妈妈还在那里。

妈妈带小明去超市购物，小明会一直紧紧地抓住妈妈的手，不愿意松开。当妈妈把他放在婴儿车里时，他开始大哭大闹，直到妈妈把他抱起来才安静下来。妈妈感到很困惑，不知道小明为什么会变得这么黏人。

案例解读 🔍

小明的这种"黏人"行为在0~3岁的婴幼儿中是比较常见的，通常是他们与母亲之间建立亲密依恋关系的一种表现。依恋是婴儿与主要抚养者（通常是母亲）之间最初的社会性联结，也是婴儿情感社会化的重要标志。

根据依恋理论，婴儿在与母亲的互动中会形成不同类型的依恋关系，如安全型依恋、不安全型依恋等。安全型依恋的婴儿在母亲离开时会感到不安，但当母亲回来时会很快得到安慰并继续玩耍。而不安全型依恋的婴儿可能会表现出过度的焦虑、恐惧或愤怒。

小明的"黏人"行为可能表明他正在经历一个特殊的发展阶段，对母亲的依赖感增强。这可能是因为他在探索周围世界的过程中，感受到了一些不确定或不安全的因素，从而更加渴望母亲的陪伴和安慰。此外，母亲的敏感性和回应性对婴儿的依恋关系也起着至关重要的作用。如果母亲能够及时、准确地回应婴儿的需求，给予他们足够的关爱和支持，婴儿就更有可能建立安全型依恋关系。

当遇到有些婴儿不"黏人"时，很多父母还引以为自豪，认为自己的宝宝大大方方。殊不知，家庭才是最能够给孩子温暖和动力的地方，而提供这些温暖和动力的就是婴幼儿和父母之间温暖、亲密、连续不断的关系——安全型依恋（"黏人现象"）。这不仅使婴幼儿获得满足感，还使其享受愉悦。

应对策略

生活中像小明一样的宝宝还有不少，宝宝很"黏人"，尤其"黏"妈妈，相信很多妈妈深有体会。很多时候，家里老人会说孩子太依恋妈妈了不行，以后会很难照顾。而妈妈天天被宝宝"黏"着，什么都干不了。久而久之，妈妈们就容易心急、烦躁，很有可能会对宝宝发脾气，那么我们应该怎么应对"黏人"的宝宝呢？

1.家庭应对策略

❀给予孩子足够的关注和陪伴：父母应该尽量满足孩子的情感需求，多花时间与他们互动、玩耍，让他们感受到父母的爱和关心。例如，每天安排专门的亲子时间，一起阅读、游戏或进行户外活动。

❀建立稳定的生活规律：为孩子创造一个稳定、有序的生活环境，让他们感到安全和可靠。例如，固定的作息时间、饮食习惯和日常活动安排，有助于孩子建立安全感和信任感。

🍀鼓励孩子独立探索：在保证安全的前提下，鼓励孩子独立探索周围的世界，逐渐培养他们的独立性和自信心。可以为孩子提供合适的玩具和活动空间，让他们自由地探索和尝试。

🍀增强孩子的安全感：当孩子感到害怕或不安时，父母要及时给予安慰和支持，让他们感到安全。例如，拥抱、亲吻、轻声安慰等，都能让孩子感受到父母的关爱。

🍀培养孩子的自理能力：逐渐引导孩子学会自己穿衣、吃饭、洗手等基本生活技能，提高他们的自理能力和独立性。

🍀适当的分离训练：可以从短暂的分离开始，逐渐延长分离的时间，让孩子逐渐适应与父母的分离。例如，让孩子在熟悉的环境中与信任的人短暂相处。

2. 学校应对策略

🍀提供温馨的学习环境：幼儿园或托儿所应该为孩子提供一个温馨、和谐的学习环境，让他们感受到家的温暖。教师可以通过亲切的语言、微笑和拥抱，让孩子感受到关爱。

🍀培养孩子的社交能力：通过组织各种活动，鼓励孩子与其他小朋友互动、合作，培养他们的社交能力和团队精神。例如，组织小组游戏、合作活动等，让孩子学会与他人相处和分享。

🍀与家长保持沟通：教师应该与家长保持密切沟通，了解孩子在家庭中的情况，共同帮助孩子克服"黏人"的问题。可以定期召开家长会、进行家访，或通过电话、微信等方式与家长保持联系。

🍀引导孩子适应集体生活：帮助孩子逐渐适应集体生活的规则和节奏，培养他们的集体意识和责任感。例如，引导孩子遵守课堂纪律、参与集体活动等。

3. 专业应对策略

🍀心理咨询：如果孩子的"黏人"问题严重影响到家长的生活和学习，可以考虑寻求心理咨询师的帮助。心理咨询师可以通过专业的方法，帮助孩子和家长了解问题的根源，并提供相应的解决方案。例如，采用游戏治疗、绘画治疗等方式，帮助孩子表达情感和缓解焦虑。

🍀亲子教育指导：专业的亲子教育专家可以为家长提供指导，帮助他们掌握正确的育儿方法，提高育儿能力。可以举办亲子教育讲座、培训课程等，为家长提供学习和交流的平台。

培养婴幼儿独立能力的方法：

🍀逐步引导：从简单的任务开始，如让孩子自己拿玩具、穿衣服等，逐渐增加任务的难度。例如，先让孩子学会自己穿袜子，再逐渐过渡到穿衣服、裤子等。

🍀鼓励尝试：当孩子尝试独立完成任务时，及时给予鼓励和表扬，增强他们的自信心。可以用具体的语言鼓励孩子，如"你能自己穿衣服了，真棒！"

🍀提供支持：在孩子遇到困难时，给予适当的帮助和指导，让他们感受到支持和鼓励。例如，当孩子系扣子遇到困难时，家长可以示范并耐心指导。

🍀设定界限：明确告诉孩子什么是可以做的，什么是不可以做的，帮助他们建立规则意识。例如，告诉孩子不能打人、不能乱扔东西等。

🍀榜样示范：家长自己要表现出独立、自信的特质，为孩子树立榜样。例如，家长可以自己完成一些任务，如做饭、打扫卫生等，让孩子看到独立的行为。

🍀培养自主性：给孩子提供一些选择的机会，让他们学会自己做决定。例如，让孩子选择自己喜欢的衣服、玩具等。

爱与成长的交响曲 🎵

"黏人"是孩子成长过程中的一个阶段，虽然可能会给父母带来一些困扰，但也是他们与父母建立亲密关系的表现。在这个阶段，父母应该给予孩子足够的爱和耐心，帮助他们顺利度过。

同时，我们也要认识到，孩子的成长是一个渐进的过程。随着他们年龄的增长和能力的提高，他们会逐渐变得更加独立和自信。在这个过程中，父母要适时地放手，让孩子去探索和尝试，培养他们的自主性和责任感。

总之，"黏人"是孩子成长过程中的一种正常现象，我们应该以积极的态度去面对。家庭、学校和社会的共同努力，可以帮助孩子建立健康、稳定的依恋关系，促进他们的身心健康发展，让他们在爱与关怀中茁壮成长，奏响爱与成长的交响曲。

（张璐）

第2节 孩子常常是"小气鬼"：物权意识的萌芽

阳光明媚的周末，公园里充满了孩子们的欢笑声。阳阳，一个2岁半的小男孩，正兴奋地骑着他的小自行车在草地上转圈。这时，邻居家的梅梅走了过来，眼睛直勾勾地盯着阳阳的小车，轻轻地说："阳阳，我可以骑一下吗？"阳阳听后，立刻停下了车，双手紧紧抱住车把，瞪大眼睛，坚决地说："不行！

我的小车，不给你玩！"梅梅愣了一下，随即委屈地哭了起来。阳阳的妈妈王女士赶紧过来安慰，同时心里也犯起了嘀咕：这孩子怎么突然变得这么"小气"了？

1. 阳阳怎么了？

阳阳的行为，在心理学上被称为"幼儿占有欲"。这并非孩子故意要表现得"小气"，而是他们在这个年龄段特有的心理发展现象。幼儿时期的孩子，正处于"物权意识"的建立阶段，他们开始认识到"我的"和"你的"的区别，对属于自己的物品有着强烈的保护意识。这种占有欲是儿童自我意识发展的重要标志，也是他们学习如何分享、合作的基础。

2. 占有欲背后的原因

🍀安全感的需求：幼儿时期，孩子对世界的认知尚未完全建立，他们依赖熟悉的物品来获得安全感。因此，当有人试图拿走他们的玩具时，他们会感到威胁，从而表现出强烈的反抗。

🍀认知发展的限制：孩子的思维在这个阶段还比较单一，难以理解分享的意义和乐趣。他们更关注自己的需求和感受，难以从对方的角度思考问题。

🍀家庭环境的影响：家长的教养方式也会影响孩子的占有欲。如果家长在日常生活中过于强调"拥有"和"保护"，或者过度满足孩子的物质需求，则可能加剧孩子的占有欲。

应对策略

面对幼儿的占有欲，家长和教育者需要从多个方面入手，给予孩子全方位的支持。这不仅需要情感上的温暖与耐心，还需要科学的引导与策略。

1. 家庭应对策略

🍀建立正确的物权观念：家长可以通过日常生活中的小事，帮助孩子建立正确的物权观念。例如，在给孩子买新玩具时，可以明确告诉他："这个玩具是给你买的，但你也可以选择和其他小朋友一起玩。"同时，也要尊重孩子的选择，不要强迫他分享。

🍀引导分享行为：家长可以通过角色扮演、故事讲述等方式，向孩子展示分享的乐趣和意义。例如，可以和孩子一起玩"交换玩具"的游戏，让他体验到分享带来的快乐。同时，也要在孩子主动分享时及时给予鼓励和表扬，以增强他的分享意愿。

🍀树立榜样：家长自身的行为对孩子有着深远的影响。因此，家长在日常生活中要注意自己的言行举止，多向孩子展示分享、合作的行为，让孩子在潜移默化中学会这些重要的社交技能。

2. 学校应对策略

🍀营造分享氛围：幼儿园是孩子们学习社交技能的重要场所。教师可以通过组织各种集体活动，如"玩具分享日""手拉手好朋友"等，为孩子们创造更多的分享机会。同时，也可以通过表扬和鼓励那些愿意分享的孩子，来营造一种积极向上的分享氛围。

🍀教授社交技巧：教师可以通过故事讲述、角色扮演等方式，向孩子们传授一些基本的社交技巧，例如，怎样礼貌地提出分享请求、怎样委婉地拒绝别人的分享请求等。这些技巧将帮助孩子们更好地处理与同伴之间的冲突和矛盾。

🍀关注个体差异：每个孩子的发展速度和特点都不同，教师在面对孩子的占有欲问题时，要关注个体差异，因材施教。对于那些特别固执、难以分享的孩子，教师要给予更多的耐心和理解，通过个别辅导和特别关注，帮助他们逐渐克服占有欲过强的问题。

3. 专业应对策略

对于那些占有欲过强、影响到正常社交生活的孩子，家长可以考虑寻求专业的心理咨询与辅导。专业的心理咨询师可以通过专业的评估和指导，帮助家长了解孩子的心理需求和发展特点，提供针对性的干预方案。

❀情感表达训练：通过使用卡片、玩具或绘画，教孩子识别和命名不同的情绪，从而提高情感觉察能力，帮助孩子用语言而非行为来表达情感需求。教孩子如何在感到焦虑或不安时使用深呼吸、放松训练等方式，减少因为情绪紧张而产生的占有欲行为。

❀渐进式分享训练：帮助孩子区分哪些物品是个人专属，哪些是可以分享的公共物品，逐渐降低孩子对所有物品的占有欲。进行模拟游戏或角色扮演，创造分享的情境，给予及时的正向反馈，让孩子在安全、可控的环境中体验分享的快乐与意义。

❀家庭辅导：指导家长设立明确规则，帮助孩子理解分享和占有的界限，这种方式可以减少孩子对规则模糊的焦虑感。另外，过度的管教或惩罚可能会增加孩子的抵触情绪，建议家长采用更温和的引导方式，例如在分享时给予孩子选择权，并强调尊重其意愿，避免过度干预。家庭成员需要保持一致的规则和态度，确保孩子在不同情境下接受到相同的教育信息。

❀社交技能训练：占有欲的背后常常隐藏着孩子社交技能的缺乏，尤其是在面对竞争性资源时。心理医生会通过合作游戏和轮流使用的情境，提升孩子的社交能力和耐心，帮助孩子更好地处理与同伴之间的关系。

幼儿自我意识的健康引导

占有欲是幼儿成长过程中自然的情感反应，它反映了孩子自我意识的觉醒。作为家长，理解并引导孩子的占有欲行为是帮助他们学会分享和合作的关键。通过积极的应对策略，孩子不仅能保持自我意识，还能逐渐学会与他人建立和谐的社交关系。如果您发现孩子的占有欲对其社交生活产生了负面影响，就需要及时寻求专业帮助，以期能够有效促进孩子的心理健康发展。

（王斐）

第 3 节　初生的秘密：吮指行为

在宝宝的成长过程中，许多家长都会发现孩子有吸吮手指的习惯。这个看似小小的举动，却引发了家长们的诸多担忧。那么，宝宝为什么会吸吮手指呢？这种行为又该如何应对呢？让我们一起来揭开吮指背后的秘密。

案例故事 📖

小童今年 1 岁了，像洋娃娃一样，是一个长得漂亮又可爱的女孩子，但她有一个让父母操心的习惯——吸吮拇指。她的爸爸妈妈试过许多办法，

如拿玩具吸引注意力、做游戏、使用安抚奶嘴等，但效果都不大，而且大拇指已被她吮得有点变形了。于是，小童的父母决定和医生一起来帮助她停止吸吮手指。

一一小宝宝今年不到 1 岁，平时爱吸吮手指，白白嫩嫩的小手红通通的，父母担心她的手指会变形，想使用安抚奶嘴，但是宝宝怎么都不要安抚奶嘴。她的父母为此也很着急，咨询了医生之后才知道，这也是宝宝心理活动的一种表达方式。

类似的案例还有很多，许多宝宝在成长过程中都出现过吸吮手指的现象，这让家长们感到困惑和担忧。

案例解读 🔍

1. 宝宝为什么会吸吮手指呢？

❀ 婴儿期：宝宝在婴儿期吸吮手指，多是由于妈妈喂奶的方式不当，或速度太快，未能满足宝宝吸吮的欲望；也有的是因为妈妈忽略了与宝宝的交流，宝宝感到寂寞，以吸吮手指来解闷儿。

❀ 幼儿期：这个阶段的宝宝吸吮手指，可能是焦虑和紧张的表现。和父母在一起的时间太少、害怕父母减少对自己的爱、父母的管教不一、父母感情不和、初上幼儿园等，都会使孩子感到焦虑不安，于是就以吸吮手指来减少内心的忧虑。

❀ 智力发展信号：新生儿长到 2~3 个月时，随着大脑的发育，逐步学会两个动作：一个是用眼睛盯着自己的手看，另一个便是吮吮自己的手指。对于他们来说，吮指是一种学习和玩耍。从笨拙地吮吮整只手，发展到灵巧地吮吮某个手指，这说明婴儿支配自己行为的能力大大提高。吮吸手指的动作，促使婴儿手、眼协调行动，为5个月左右学会准确抓握玩具打下了坚实的基础。另外，这一时期的婴儿主要是通过嘴来了解外界，婴儿认为手也是外界的东西，所以总爱将它塞进嘴里吮吸感知。

🍀稳定情绪：有时婴儿还以吮吸手指来稳定自身的情绪，这说明婴儿吮吸手指对他们的心理发育起着重要作用。

2. 吸吮手指对婴儿脑发育有什么影响？

🍀促进手功能发育：允许婴儿吸吮手指促进了婴儿手功能的发育。频繁吸吮手指刺激了手部触觉的发育，提高了婴儿用手感知外部物体的能力，也使婴儿手握持能力得到加强。

🍀促进知觉和思维发展：手的动作，可使婴幼儿进一步认识事物的各种属性和联系，使婴幼儿知觉的完整性和具体思维能力得到发展。

🍀左、右脑发育：在一项研究中，偏爱吸吮右手的婴儿达总人数的80%。由于右脑控制左侧肢体，左脑控制右侧肢体，从而可以推论出婴儿大脑在发育之初也是有先后顺序的，但左脑早于右脑发育，这一结论还有待进一步证实。

应对策略

当宝宝出现吮指行为时，不一定是坏事，特别是在婴幼儿时期。所以父母先不要紧张、焦虑，这时候要仔细观察，吮指行为对宝宝有什么影响，宝宝的手指有无异常，留意宝宝在什么状况下会出现这种行为，盲目的制止可能会对宝宝造成不良的影响。

1. 家庭应对策略

❀保持平和心态：父母对宝宝吸吮手指不要过于紧张，更不能取笑他们，以免增加其心理压力。应留意孩子的心理需要，了解孩子吸吮手指的动机，帮助孩子纠正这种不良习惯。

❀满足生理需求：对婴儿期的宝宝，除了提供足够的营养外，还要提供足够的爱和温暖，满足其吸吮的需求。最好母乳喂养；如果人工喂养，奶嘴洞口的大小要适中，不可太大，要让婴儿有足够的时间来吸吮，以满足其生理需要。

❀陪伴孩子：要多陪陪孩子，不要让孩子独自一人待得太久，以免孩子感到无聊而把手放进嘴里，从而养成吸吮手指的坏习惯。

❀转移注意力：当宝宝有吸吮手指的倾向时，最好的办法是让他的双手"有事干"。对于婴儿，可用玩具或其他东西吸引他的注意力；对于稍大点的宝宝，父母应利用空闲时间和他谈话、唱歌、玩积木或看图书等，让幼儿在游戏活动中忘记吸吮手指。

❀注意卫生：家长需要做的是保持婴儿小手干净和口唇周围清洁干燥，以免发生湿疹。

2. 学校应对策略

❀设计丰富活动：在幼儿园，集体活动尽量设计新颖、有趣味，以吸引孩子的注意力；引导孩子与同伴游戏；减少孩子的等待时间，安排孩子帮助集体收积木、图书和分发碗筷等。

❀关注孩子行为：老师要关注孩子吸吮手指的行为，了解孩子什么时候最可能吸吮拇指，在吸吮之前孩子在做什么，在吸吮时是否参与其他活动，孩子停止吸吮时会发生什么事情，孩子每次吸吮的时间有多长等。

❀表扬鼓励孩子：孩子不吸吮手指的时候，要多表扬，要不时告诉他，老师和家长因他吸吮拇指越来越少而感到高兴。

❀淡化不良行为：当孩子逐渐减少吸吮手指的次数时，老师和家长不要过多提起这件事，目的是让孩子逐渐淡化这件事。

3. 专业应对策略

案例中两位小朋友手指出现了异常情况，家长用自己的方式没有起到作用，这时候就需要寻求专业人士的帮助，共同寻找原因，解决问题。

❀儿童心理医生干预：对于吸吮手指较为频繁且可能存在心理问题的孩子，家长可以寻求儿童心理医生的帮助。心理医生会通过专业的评估和分析，了解孩子吸吮手指的深层原因，如焦虑、压力、孤独等，并提供相应的心理治疗和干预措施。如果7岁以上的孩子仍存在吮指，可以采用认知行为疗法帮助孩子改变不良的思维和行为模式，放松训练可以帮助孩子缓解焦虑情绪。

❀口腔正畸医生建议：长期吸吮手指可能会影响孩子的口腔发育，导致牙齿排列不齐、咬合不正等问题。因此，家长可以咨询口腔正畸医生的意见，了解孩子的口腔发育情况，并根据医生的建议采取相应的预防和治疗措施。例如，佩戴口腔矫治器可以帮助纠正牙齿畸形。

❀营养专家指导：孩子吸吮手指可能与营养缺乏有关，如缺乏锌、铁等微量元素。营养专家可以对孩子的饮食进行评估，提供合理的营养建议，确保孩子摄入均衡的营养。此外，营养专家还可以建议家长给孩子提供一些有助于缓解焦虑和压力的食物，如坚果、全谷类等富含镁的食物。

❀定期体检和观察：家长应定期带孩子进行体检，包括身体检查和心理评估，以便及时发现问题并采取相应的措施。同时，家长可以记录孩子吸吮手指的频率和时间，观察孩子的行为变化，以便及时调整应对策略。

爱与成长的交响曲 ♪

帮宝宝优雅度过吮吸敏感期

宝宝吸吮手指是一种常见的行为，家长们不必过于焦虑和紧张。在应对宝宝吸吮手指的问题时，家长们需要给予孩子足够的爱和关注，了解孩子的需求和心理状态，采用科学合理的方法来引导孩子纠正不良习惯。

同时，家长们也要认识到，宝宝的成长是一个渐进的过程，每个孩子都有自己的发展节奏。在这个过程中，家长们要有耐心，不要急于求成，更不要采用不恰当的手段来强制孩子改变。比如，有些家长看到孩子吸吮手指，就会采取严厉的惩罚措施，如打骂、指责等，这样不仅会伤害孩子的感情，还可能导致孩子产生逆反心理，更加难以纠正不良习惯。还有些家长为了阻止孩子吸吮手指，会在孩子的手指上涂抹辣椒、芥末等刺激性物质，这种方法虽然可能会暂时起到作用，但会给孩子带来痛苦和不适，甚至会影响孩子的身心健康。

总之，宝宝吸吮手指是一种从娘胎带来的小习惯，家长们要正确对待，采取合适的应对策略，帮助宝宝健康成长。让我们用爱和理解陪伴孩子成长，让他们在温暖的环境中逐渐改掉不良习惯，健康快乐地长大。相信在家长、老师和专业人士的共同努力下，宝宝们一定能够顺利度过这个阶段，奏响爱与成长的交响曲。

在宝宝的成长过程中，还会遇到许多其他的问题和挑战。家长们需要不断学习和成长，提高自己的育儿能力，同时也要注重培养孩子的良好习惯和品德，让他们成为有责任感、有爱心、有智慧的人。让我们一起为孩子的未来努力，让他们在爱的阳光下茁壮成长。

（张璐）

第4节　啃指甲：最容易养成的癖好

啃指甲，这个看似微不足道的小动作，却常常困扰着许多孩子和家长。在孩子的成长过程中，啃指甲可能成为一种难以戒除的癖好，对孩子的身心健康产生潜在影响。

案例故事 📖

小明是一个活泼可爱的2岁男孩，他有着大大的眼睛和灿烂的笑容。然而，最近小明的妈妈发现他有一个让人担忧的习惯——啃指甲。

起初，妈妈并没有太在意，以为这只是小明偶尔的小动作。但随着时间的推移，她发现小明啃指甲的频率越来越高，几乎只要一有空，他就会把手指放进嘴里啃咬。有时候，甚至在睡觉前，妈妈都能听到小明在被窝里啃指甲的声音。小明的指甲被啃得秃秃的，有的地方还出现了破损和出血。妈妈担心这样会导致感染，于是多次试图阻止小明啃指甲。她耐心地给小明讲道理，告诉他啃指甲不卫生，会让手指受伤，但小明总是答应得好好的，过一会儿又不自觉地开始啃。

有一次，妈妈带小明去参加家庭聚会。在聚会上，小明因为感到陌生和紧张，又开始啃指甲。其他亲戚看到后，纷纷提醒妈妈要注意这个问题，说啃指甲可能是孩子缺乏某种营养或者有心理问题的表现。妈妈听了后心里更加焦虑，她不知道该如何帮助小明改掉这个坏习惯。

案例解读🔍

啃指甲是儿童期比较常见的现象，尤其是在0～3岁的婴幼儿阶段。这个年龄段的孩子正处于探索世界的阶段，他们通过感官来感受周围的一切。啃指甲可能是他们缓解紧张、焦虑情绪的一种方式，也可能是出于好奇或无聊。随着年龄的增长此种情况应该会慢慢消除，如果到儿童后期或青春期，孩子啃指甲的现象仍然存在，且更加严重，需要注意孩子是否有强迫性皮肤剥离症，并寻找专业的帮助。

对于处在婴幼儿阶段的小明来说，他可能在陌生的环境中感到紧张和不安，通过啃指甲来寻求安慰。此外，婴幼儿的口腔欲在这个阶段比较强烈，如果没有得到适当的满足，也可能导致他们通过啃指甲来满足口腔的刺激需求。

从生理角度来看，啃指甲可能与微量元素的缺乏有关，如缺锌、缺铁等。此外，寄生虫感染也可能引发孩子出现异食癖，其中就包括啃指甲表现。

从心理角度来看，孩子在成长过程中如果缺乏安全感、感受到压力或不良情绪得不到宣泄，可能会通过啃指甲来缓解内心的不适。家庭环境、亲子关系等因素都可能对孩子的心理状态产生影响。

应对策略

当发现孩子有啃指甲的小习惯时，家长首先要给予孩子足够的关爱和耐心，帮助他们克服啃指甲的问题。如果问题持续存在或加重，建议及时寻求专业帮助，积极配合医生的治疗。

1. 家庭应对策略

🍀保持关注与耐心：家长要密切关注婴幼儿的行为，及时发现啃指甲的迹象。同时，要保持耐心，理解孩子啃指甲可能是一种无意识的行为，戒除需要时间。

🍀满足口腔需求：为孩子提供适当的口腔刺激，如安全的咬牙胶或奶嘴，以满足他们的口腔欲望。

🍀转移注意力：当孩子出现啃指甲的行为时，用玩具、游戏或其他有趣的活动来转移他们的注意力，让他们的手忙碌起来。

🍀保持手部清洁：经常为孩子洗手，保持手部清洁，减少细菌感染的机会。

🍀给予关爱和安全感：营造温暖、和谐的家庭氛围，给予孩子足够的关爱和安全感，帮助他们缓解紧张和焦虑情绪。

🍀修剪指甲：定期为孩子修剪指甲，使其保持短而整齐，减少啃指甲的诱惑。

2. 学校应对策略

🍀教师引导：教师在发现孩子啃指甲时，可以温和地提醒他们，并引导他们参与其他活动，分散注意力。

🍀培养良好习惯：在日常生活中，教师可以教导孩子们保持手部清洁的重要性，培养良好的卫生习惯。

🍀鼓励互动：鼓励孩子们之间的互动和合作，增强他们的社交能力和自信心，减少焦虑情绪。

🍀与家长沟通：及时与家长沟通孩子在学校的情况，共同制订应对策略，形成家校合作的良好氛围。

3. 专业应对策略

（1）就医检查。

🍀微量元素检测：带孩子去医院进行微量元素检测，查看是否存在锌、铁等微量元素缺乏的情况。如果缺乏，医生会根据具体情况给予相应的补充建议，如通过饮食调整或补充剂来补充微量元素。

🍀寄生虫检查：进行寄生虫检查，以排除寄生虫感染导致的异食癖。如果发现寄生虫感染，医生会给予相应的治疗药物。

🍀全面体检：医生可能会进行全面的体检，检查孩子的身体发育情况，排除其他潜在的健康问题。

（2）心理咨询。

🍀儿童心理评估：心理咨询师会对孩子进行心理评估，了解他们的情绪状态、心理需求和行为习惯等。通过与孩子的互动和观察，找出啃指甲行为背后的心理原因。

🍀情绪疏导：如果孩子的啃指甲行为与紧张、焦虑、压力等情绪有关，心理咨询师会采用适合婴幼儿的方法，如游戏治疗、绘画治疗等，帮助他们疏导情绪，学会应对压力和情绪的健康方式。

🍀行为矫正：心理咨询师可以运用行为矫正技术，帮助孩子逐渐改变啃指甲的习惯。例如，使用正面强化法，当孩子能够控制自己不啃指甲时，及时给予奖励和表扬，增强他们的自信心和积极性。

🍀家庭辅导：心理咨询师会与家长进行沟通，提供家庭辅导，帮助家长了解孩子的心理需求，改善家庭环境和亲子关系，为孩子提供更好的支持和引导。

（3）其他专业干预。

🍀感觉统合训练：对于一些感觉统合失调的孩子，可能会出现啃指甲等行为。感觉统合训练可以帮助孩子提高感觉处理能力和身体协调性，从而减少焦虑和不安，改善啃指甲的行为。

✤口腔功能训练：如果孩子的口腔功能发育不完善，也可能导致啃指甲的习惯。口腔功能训练可以包括咀嚼训练、口腔肌肉锻炼等，帮助孩子提高口腔控制能力。

✤中医调理：中医认为，啃指甲可能与孩子的体质有关。可以考虑寻求中医的帮助，通过中药调理、针灸等方法，改善孩子的体质和情绪状态。

爱与成长的交响曲 🎼

指尖上的成长密码

啃指甲虽然是一个小问题，但反映了孩子在成长过程中可能面临的挑战。家长和社会应该给予孩子足够的关爱和支持，帮助他们健康成长。

在家庭中，父母要营造一个温暖、和谐的家庭氛围，让孩子感受到安全和爱。同时，父母要注重与孩子的沟通和交流，了解他们的内心世界，帮助他们解决遇到的问题。

总之，啃指甲是一个需要引起重视的问题，但家长不必过于焦虑。通过家庭、学校和社会的共同努力，相信孩子们能够逐渐改掉这个坏习惯，健康快乐地成长。让我们用爱与关怀谱写一曲爱与成长的交响曲，为孩子们的未来奠定坚实的基础。

（张璐）

第 5 节　爱哭：孩子表达需求的语言

案例故事 📖

小明，一个活泼可爱的两岁半小男孩，他的世界曾经充满

了笑声和快乐。但在过去的几个月里，情况似乎发生了改变。小明的父母、老师甚至他自己，都陷入了一个让人头疼的怪圈——他变得异常爱哭闹。只要遇到一点小挫折或不顺心的事情，小明就会毫不犹豫地放声大哭，从家里到幼儿园，情绪崩溃仿佛成了他的常态。家人和老师都在努力，想找到哭闹背后的原因，帮助小明走出这个情绪的困境。

案例解读 🔍

有哪些爱哭的原因？

1. 生理需求

2~3 岁的孩子正处于快速生长发育阶段，他们对食物、水、睡眠等基本生理需求非常敏感。当孩子感到饥饿、口渴或困倦时，他们可能会通过哭闹来表达这种生理需求。

2. 情感与心理发展

2~3 岁的孩子开始逐渐形成自我意识，他们开始有自己的想法和意愿。当这些意愿得不到满足时，语言表达能力又有限，他们往往无法准确地表达自己的情感和需求，孩子可能会通过哭闹来表达不满或寻求关注。

3. 外界环境变化

孩子对环境的改变可能比较敏感，如更换常住地、进入新环境等可能导致孩子出现焦虑、不安等情绪反应，进而表现为哭闹。孩子在与其他人互动时可能会遇到挫折或冲突，如与同伴争抢玩具、受到批评等，这些不愉快的经历也可能导致孩子哭闹。

4. 健康状况

疾病因素：孩子可能会因为感冒、发热、消化不良、腹痛、腹胀或其他疾病而感到不适和疼痛，从而表现为哭闹。

神经系统发育问题：少数情况下，孩子的哭闹可能与神经系统发育问题有关。如自闭症、多动症等疾病可能导致孩子情绪不稳定和易哭闹。

总之，2~3 岁孩子经常哭闹的原因可能是多方面的，包括生理需求未满足、情感与心理发展、外界环境变化以及健康状况等因素。家长应全面关注孩子的成长和发展过程，及时发现问题，并给予适当的支持和帮助，如有异常应及时咨询专业医生。

应对策略

1. 家庭应对策略

在孩子的成长过程中，家庭是他最主要的情感依托。小明的父母首先意识到了问题的严重性，决定采取一些方法来帮助小明平稳度过这个情感敏感期。

❀调整作息时间：小明的父母通过观察发现，他的情绪波动往往发生在特定时间段，尤其是午睡前后、晚餐时间和早晨与家人分离去幼儿园的时刻。这表明，小明可能因为作息不规律而变得情绪化。父母决定为小明制订一个更为规律的作息时间表，他们确保小明每天都有足够的睡眠时间，并设定了固定的午睡和晚餐时间。

🍀提升情感依赖的安全感：小明的哭闹往往伴随着分离焦虑和对父母的依赖。特别是在早晨送他去幼儿园时，小明的情绪尤其容易失控。这种焦虑感源于孩子对家人强烈的情感依赖，特别是当他处于一个新环境或面对陌生事物时，分离焦虑会被放大。为了应对这种情况，小明的父母决定加强与他的情感联系。每天晚上，父母都会花一定时间陪伴小明，给他讲故事、陪他玩游戏等，进一步增强他的安全感。

🍀创造温暖的家庭氛围：一个稳定、温暖的家庭环境对幼儿的情绪发育至关重要。如果父母的情绪焦虑或紧张，孩子往往会受到影响，变得更加不安。为了营造一个和谐的家庭氛围，小明的父母开始有意识地调节自己的情绪。在小明面前，他们尽量保持冷静和耐心，避免因为他的哭闹而发怒。每当小明情绪失控时，父母会用柔和的语气安抚他，避免强硬地制止他的哭闹。

2. 学校应对策略

家庭的努力固然重要，但幼儿园作为孩子日常生活的重要场所，同样需要给予适当的支持。小明在幼儿园的情绪变化也引起了老师们的关注，他们积极采取了一些措施来帮助小明度过情感波动期。

🍀提供情感支持：幼儿园的老师不仅关注小明的行为，还给予他足够的情感支持。每当小明情绪波动时，老师会用温柔的言语安慰他，并鼓励他表达自己的感受。老师们会主动与小明沟通，询问他为什么哭，并引导他通过语言表达出来。

🍀鼓励社交互动：为了帮助小明减少孤独感并转移注意力，老师们还积极鼓励他参与集体活动。在活动中，小明与其他小朋友的互动有助于他逐渐融入集体，减少对孤立情绪的敏感性。每当他能够融入小朋友们的游戏中，老师们都会及时给予表扬。这种正向反馈让小明逐渐发现，与他人互动也是一种快乐的体验。

🍀设置"情绪角"：幼儿园的老师了解到小明的情绪不稳定后，为他设立了一个特别的"情绪角"。这个角落摆满了小明喜欢的玩具和书籍，目的是给他提供一个能够独自平静下来的空间。每当小明感到焦虑或闹情绪时，老师会引导他去"情绪角"，让他有机会安静地待一会儿。这不仅让小明有了一个可以逃避外界压力的地方，也给了他更多的时间和空间来调整自己的情绪。通过这种方式，老师帮助小明学会了在面对不安时如何主动寻求舒适感。

3. 专业应对策略

🍀加强家庭情感支持：医生指出，小明正处于一个情感敏感期，他的哭闹是情感依赖和对新环境的不适应导致的。因此，医生建议父母要继续加强情感支持，尤其是在小明感到不安时，及时给予安抚和陪伴，采用正向回应的方式，而不是简单地制止他的哭闹。他们可以通过与小明一起阅读情绪相关的绘本，帮助他理解并表达自己的感受。正向的情感支持能够帮助幼儿在焦虑时感受到父母的理解和接纳，这有助于他们情绪的稳定。

❀提供心理咨询：医生还建议，如果小明的情绪波动问题持续存在，可以考虑寻求专业的心理辅导。心理咨询能够帮助孩子通过适合的方式表达情绪，并引导他们更好地处理复杂情感。这种早期干预有助于孩子在未来的社交和情绪管理方面奠定坚实的基础。

❀情绪管理训练：设计一些情绪管理的训练课程。例如，与父母一起阅读关于情绪识别和调节的绘本，讨论书中的情节，帮助幼儿逐步理解情绪的多样性，让幼儿通过这些书籍学习如何用语言和行为表达情绪，而不是简单地通过哭闹来应对。幼儿园的老师也可以在课堂上加入一些情绪管理的小课程，帮助全班小朋友一起学习如何表达情感。

爱与成长的交响曲 🎵

学会处理坏情绪

每一个孩子的成长都是独特的，而他们在情绪上的波动和挑战，也需要我们每一位成人用心去理解和帮助。小明的故事只是无数幼儿成长过程中的一个缩影，但它告诉我们，面对孩子的情绪问题，我们不能急躁和放任不管。家庭的温暖陪伴、学校的细心呵护、医生的专业指导，都是孩子成长过程中不可或缺的支持。正是这些爱与关怀，帮助孩子学会处理情绪、建立自信、健康成长。通过细致的观察、科学的育儿方法以及多方的配合，我们终能迎来孩子笑靥如花的那一天。

（王斐）

第6节 离别的忧伤：分离焦虑

　　每天早晨，3岁的妮妮都在经历一场无声的战斗。当其他孩子雀跃地走向幼儿园的大门时，妮妮却一动不动地站在原地，小小的手紧紧抓住妈妈的衣角，眼泪早已溢满她的眼眶。"妈妈，不要走，我怕！"妮妮的声音充满了恐惧与无助。她的母亲李女士无数次蹲下来，柔声安慰："妈妈就在这里，不会走的，宝贝别怕。"然而，无论妈妈如何温柔地安抚，妮妮的恐惧始终挥之不去。

　　在幼儿园里，陈老师也在尝试着各种办法——组织有趣的游戏、手工活动，甚至让其他孩子主动邀请妮妮加入。然而，妮妮的焦虑仍然如影随形，成了所有努力面前的一堵高墙。面对这座墙，李女士和陈老师都感到无比挫败和困惑。于是，她们决定寻求帮助，把希望寄托在儿童心理医生王医生的身上。

1. 妮妮为什么不想去幼儿园？

　　这个故事并非个例，许多家长和教育工作者都面临过类似的情境。

　　妮妮的问题在心理学上被称为"幼儿分离性焦虑"。幼儿分离性焦虑是指儿童对与其依恋对象分离感到过度焦虑，这是儿童时期较常见的一种情绪障碍，多发生在幼儿早期，以3~5岁多见。幼儿从家庭迈入幼儿园，环境有了巨大的改变，被称为"心理断乳期"。焦虑会引起孩子生理上的应激反应，长时间焦虑，孩子抵抗力会下降，很容易出现感冒发热、肚子疼等情况。孩子会整日缠住父母，不断要父母注意，有时担心父母发生意外，有时担心意外灾难会使自己与父母失散等，因此不愿意去幼儿园，到校后哭闹，不主动与其他小朋友交往，甚至表现出头痛、腹痛、恶心等躯体症状。这种现象可持续数年。不仅是孩子，一些家长也会出现"分离焦虑"，整日焦虑，神经紧绷。

2. 什么是分离焦虑呢？

分离焦虑是指儿童在与主要照顾者分离时，产生强烈的焦虑情绪。这种现象在婴幼儿时期比较普遍，但随着孩子的成长，大多数会逐渐学会适应分离。然而，对于像妮妮这样的孩子，这种焦虑感可能在学龄期甚至更久延续，影响着他们的日常生活和心理发展。

在妮妮的故事里，我们清晰地看到了家长和老师在面对分离焦虑时的无助。李女士在家中尝试了一切她能想到的方法——安抚、鼓励、陪伴、放手，但每次看着妮妮泪流满面的脸庞，她心中的焦虑和无奈便愈发浓重。老师在幼儿园同样竭尽全力，想要通过集体活动和友善的环境让妮妮感到安全，可是妮妮的小小身影依旧孤单地站在教室的角落，始终不敢跨出一步。这种无力感让家长和老师感到深深的挫败，他们不知道如何真正帮助孩子从这种情感的困境中走出来。而实际上，分离焦虑不仅仅是一个"长大"的过程，它更是孩子内心深处对安全感的渴求。因此，仅靠简单的说教或是表面的鼓励，往往难以解决问题。孩子需要的是深层次的情感支持与理解。

应对策略

面对分离焦虑，家长和教育者需要从多个方面入手，给予孩子全方位的支持。这不仅需要情感上的温暖与耐心，还需要科学的引导与策略。

1. 家庭应对策略

家庭是孩子的避风港，也是他们情感的根基。对于像妮妮这样经历分离焦虑的孩子，家庭中的支持至关重要。

🍀**渐进分离的策略：** 家长可以尝试"渐进分离"的方法，让孩子逐步适应与父母的短暂分开。比如，李女士可以在家里安排一些独立的活动，让妮妮在自己房间里画画或玩玩具，而她则在另一个房间静静等候。每次分开的时间可以从几分钟开始，逐渐延长。这种渐进式的训练能帮助孩子慢慢习惯独立活动，逐步减少对父母的依赖。

🍀**情感连接与安全感：** 家长可以通过一些小物件，如一条妈妈的围巾或一只熟悉的小玩偶，来帮助孩子在情感上保持与家长的连接。妮妮可以把这些物件带到幼儿园，当她感到不安时，它们就像一座桥梁，传递着妈妈的关爱和温暖。

🍀**共情与倾听：** 家长应当鼓励孩子表达他们的恐惧与担忧，并以理解的态度回应。李女士可以告诉妮妮："妈妈知道你害怕离开我，因为你非常爱妈妈。可是你要记得，妈妈也一样爱你，无论我们在哪里，妈妈的心里一直都有你。"

2.学校应对策略

在学校环境中，教师扮演着帮助孩子战胜分离焦虑的重要角色。幼儿园应该是孩子们感受到安全和被接纳的地方。

🍀营造包容的集体氛围：教师可以通过有趣的集体活动，如手工制作、游戏，甚至是小组合作，让孩子感受到同伴的友善与温暖。幼儿园陈老师通过组织搭建积木城堡的活动，成功吸引了妮妮的注意力，这让她逐渐放下了对分离的恐惧，开始融入集体生活。

🍀与家长的紧密沟通：教师应与家长保持密切联系，了解孩子在家的表现，并根据孩子的情况制订个性化的支持策略。陈老师与李女士一起讨论妮妮的情况，并决定让她带一幅画去学校，以此作为缓解焦虑的工具。这种家庭与学校的合作能够大大增强孩子的安全感。

🍀逐步建立独立性：教师可以通过逐步增加孩子在校的独立活动时间，帮助他们建立自信。例如，陈老师让妮妮独自完成一些小任务，并在她完成后给予表扬。这不仅增强了妮妮的自信心，还让她逐渐适应了在没有母亲陪伴的情况下完成任务。

3.专业应对策略

在妮妮的案例中，最终起到关键作用的是专业的心理干预。王医生通过一系列精心设计的游戏、绘画和故事引导，帮助妮妮逐步理解并战胜了自己的恐惧。这种专业的干预为解决分离焦虑提供了科学的支持。

🍀游戏疗法与艺术治疗：王医生通过游戏和绘画的方式，让妮妮在轻松的氛围中表达她的内心世界。通过这些非语言的方式，妮妮能够释放她的情感，慢慢地走出焦虑的阴影。王医生帮助妮妮改变她对分离的思维方式，通过让她画出代表母亲的画，并在感到害怕时拿出来看，逐步建立了对分离的积极认知。这种认知调整帮助妮妮重新审视她的焦虑，学会以更积极的态度面对。

🍀家庭治疗的介入：王医生还通过与李女士的互动，帮助她理解并调整对妮妮的照顾方式，避免过度保护。通过家庭治疗，整个家庭在应对分离焦虑时变得更加协调和有力，为妮妮的健康成长打下了坚实的基础。

爱与成长的交响曲 🎵

情感的纽带与成长的力量

分离焦虑是儿童成长过程中可能遇到的巨大挑战之一，但它同时也是孩子心理成长的一部分。在这个过程中，家庭、学校和社会的共同努力至关重要。通过情感上的支持、环境的调整和专业的引导，孩子可以逐渐学会应对分离带来的焦虑，最终发展出更强的独立性和自信心。让我们以爱为纽带，携手陪伴孩子度过这段成长的旅程，共同见证他们绽放出最耀眼的光芒！

（王斐）

第 7 节 感官启蒙：点亮智慧之光

小雨是一位刚满 2 岁的宝宝，活泼可爱，整天对周围的世界充满好奇。她的妈妈小玲非常重视小雨的感官发展，常常利用日常生活中的点滴来进行感官刺激。

一天，小玲带小雨去附近的公园玩。她知道，自然环境是促进孩子脑发育的重要场所。在公园里，小雨被五彩斑斓的花朵吸引住了。小玲蹲下身，和小雨一起观察这些花朵的颜色和形状，鼓励她用手指触摸花瓣，小雨的脸上绽放出灿烂的笑容。通过触觉和视觉的刺激，小雨的感官得到了全面的锻炼。

接着，小玲带小雨来到一个小水池旁。水面在阳光的照射下闪闪发光，小雨兴奋地用手指戳水面，水花四溅。小玲趁机教小雨认识"湿"和"干"，并让她感受水的凉意。小雨在欢笑中，不仅体验到了不同的触觉，还锻炼了手眼协调能力。

下午，小玲准备了一个色彩斑斓的拼图。小雨坐在地上，认真地尝试把不同形状的拼图块放进相应的位置。每当她成功完成一块，都会高兴地拍手。这个过程中，小雨的认知能力得到了提升，同时也培养了她的专注力。

通过这一天的感官刺激，小雨不仅收获了快乐，还在潜移默化中促进了脑发育。小玲意识到，感官刺激是孩子成长中不可或缺的一部分。她决定在日常生活中，继续为小雨创造丰富的感官体验，帮助她更好地探索这个世界。

案例解读 🔍

1. 感官刺激的环境选择与互动

在这个案例中，小雨的妈妈小玲精心选择了自然公园作为活动场所，利用自然环境的多样性为小雨提供了丰富的视觉和触觉体验。例如，小雨被公园里五彩斑斓的花朵吸引，小玲通过引导小雨观察和触摸花瓣，使她的视觉和触觉得到了刺激。这种教育方式不仅让小雨直接接触自然，更通过语言描述帮助她建立起对自然特性的认知。小玲和小雨一起探索的过程，加深了母女间的互动，同时也利用自然的元素来促进小雨的感官发展。这是早期多感官发展的关键，特别是在孩子的视觉和触觉协调方面发挥了重要作用。

2. 认知与动手能力的同步提升

在公园活动之后，小玲为小雨安排了拼图游戏，这种活动既锻炼了小雨的手眼协调能力，又提升了她的认知和解决问题的能力。通过尝试将不同形状的拼图块拼凑在一起，小雨在游戏中逐步提高了自己的空间感知和逻辑思维能力。每次成功完成拼图时，小雨的成就感也会得到增强，这对她的自信心和学习兴趣都有正面的推动作用。小玲通过这些活动，不仅提升了小雨的感官刺激和认知发展，还在不知不觉中加强了小雨的专注力和耐心，这些都是儿童早期发展中极为重要的能力。此外，通过持续的互动和教学，小玲也在培养小雨对新事物的好奇心和探索精神，为她未来的学习和成长打下了坚实的基础。

应对策略

　　家庭、学校和专业领域可以形成合力，为婴幼儿创造一个全面而丰富的感官刺激环境，促进他们的脑发育和全面发展，帮助他们更好地探索和理解这个多彩的世界。

1. 家庭应对策略

　　❀创造丰富的感官环境：在家中设立不同的感官区域，例如触摸区、视觉区和听觉区。触摸区可以放置不同材质的玩具（如毛绒玩具、橡胶球、沙子等），鼓励孩子探索各种质感。视觉区可以悬挂色彩鲜艳的挂图、灯饰或镜子，增强孩子的视觉体验。听觉区则可以播放自然声音、轻音乐或使用乐器，让孩子接触不同的音色和节奏。

　　❀日常互动：鼓励父母与孩子进行更多的互动。比如，每天安排固定的亲子时间，通过阅读故事、唱歌、玩游戏等方式进行互动。在洗澡时，可以与孩子玩水，感受水的温度和流动；在吃饭时，可以让孩子触碰各种食物，感受不同的质地和味道，这不仅能刺激感官，也可以促进孩子的味觉和嗅觉发展。

　　❀户外活动：定期带孩子去公园、动物园或自然保护区，让他们接触不同的自然元素，如树木、花草和动物。可以安排一些简单的户外活动，比如捡拾落叶、观察昆虫、触摸树皮等，增强他们的视觉和触觉体验。同时，鼓励孩子与其他小朋友一起玩耍，提升他们的社交能力和情感表达。

2. 学校应对策略

🍀感官游戏：在幼儿园课程中融入更多感官游戏，如沙池、泥巴游戏和水的玩耍。通过这些活动，孩子们能够在玩耍中获得触觉、视觉和听觉的刺激，提升他们的认知能力和运动水平。教师可以设计一些有趣的主题活动，比如"感官探险"，让孩子们通过探索不同的材料和环境来学习。

🍀主题活动：组织以感官为主题的活动，例如"颜色日""声音日"等，让孩子们穿上不同颜色的衣服，参与相关的手工和艺术创作，增强他们的视觉认知。使用不同的音乐和声响，鼓励孩子们模仿声音，增强他们的听觉能力，同时提升语言表达能力。

🍀创造安静区：在教室内设立一个安静区，提供图书、拼图和其他安静的玩具，让孩子们在学习之余有机会放松和静心。这个区域可以帮助孩子们在感到疲惫或过于兴奋时，有一个安全的空间进行自我调节，从而提高他们的专注力和学习效率。

3. 专业应对策略

🍀早期干预：对于有发展迟缓的孩子，专业机构应提供个性化的感官刺激方案，通过专业的游戏和活动促进感官发展。专家可以制订针对性的训练计划，帮助孩子在特定领域（如触觉、视觉、听觉等）进行更深层次的探索。

🍀家庭教育支持：专业人士可以为家长提供培训和指导，

教他们如何在家庭环境中设计感官刺激活动。通过提供实用的建议和资源，例如推荐适合的玩具和活动，帮助家长更好地支持孩子的成长。

🍀定期评估：通过定期的心理和发展评估，专业人员可以监测儿童的感官发展情况。根据评估结果，及时调整干预策略，确保孩子健康成长。这种持续的跟踪和反馈，可以帮助家长和教师更好地理解孩子的需求，提供更有效的支持。

爱与成长的交响曲 🎵

为孩子织就感官发展的乐章

在婴幼儿的成长过程中，感官发展犹如一场精彩的交响曲，而父母、教师与专业人士则是这场音乐会的指挥者。每一个音符都代表着爱的传递与支持，构成了孩子成长道路上不可或缺的部分。通过创造丰富的感官环境、进行日常互动以及参与有意义的活动，不仅为孩子提供了探索世界的机会，更为他们的脑发育铺设了一条通往未来的阳光大道。

我们要认识到，感官刺激不仅仅是身体的体验，更是情感和认知的交织。通过一场简单的游戏或一次温暖的拥抱，孩子们感受到的不仅是快乐，更是归属和安全感。这些积极的体验为他们的自信心和社交能力打下了坚实的基础，帮助他们在未来的人生旅程中勇敢地面对各种挑战。

同时，学校和专业领域的支持也至关重要。教育工作者和专业人士的引导，不仅能为孩子们提供多样化的学习方式，还能帮助家长理解如何更有效地参与到孩子的成长中来。定期的评估与反馈，能够确保每个孩子都得到个性化的支持，使他们在探索中不断成长。

在这个充满变化的时代，爱与陪伴是孩子们最好的"营养剂"。只有在充满爱的环境中，孩子们才能如同小树苗般茁壮成长，汲取成长所需的阳光与水分。让我们共同努力，在爱与成长的交响曲中，为孩子们谱写出动人的乐章，让他们在未来的道路上，走得更加自信、更加坚定。让这一段旅程成为他们心灵深处永恒的旋律，伴随他们一生的成长与探索。

（董瑶瑶　胡晓静）

第 8 节　好动：探索世界的脚步

案例故事 📖

豆豆是个 2 岁的帅气小男孩，他就像一颗永远充满能量的小太阳，从早到晚都不知疲倦地探索着这个世界。他的大眼睛里总是闪烁着好奇与兴奋的光芒，小手小脚更是一刻不停地忙碌着，无论是家里的玩具箱、沙发垫，还是户外的一片叶子、一朵小花，都能成为他探索的宝藏。

然而，这份无尽的活力对于豆豆的妈妈来说，却成了一种甜蜜的负担。清晨，当第一缕阳光悄悄探进房间时，爸爸妈妈想多睡一会儿，但那是不可能的。6 点一到，乐乐就准时睁开眼睛，然后坐起来，看着还在睡觉的爸爸妈妈，他会去抠眼睛揪耳朵。要不就是猛地站起来，然后一屁股坐到妈妈的肚子上，妈妈嗷的一声叫起来，他很镇定地说："妈妈天亮了，起床了。"豆豆已经迫不及待地从床上爬起来，拉着妈妈的手开始了一天的"探险"。他拉着妈妈在房间里转圈、玩游戏，直到早餐时间才肯罢休。

午餐后，是妈妈最希望豆豆能小憩一会儿的时候，但豆豆似乎完全不知道"累"字怎么写。他要么在客厅里追着球跑，要么爬到沙发上又蹦又跳，还时不时拉着妈妈参与他的游戏。妈妈的眼神中虽然满是爱意，但身体因为长时间的陪伴和忙碌而感到疲惫不堪。

傍晚时分，本以为可以稍微放松一下的妈妈，却发现豆豆的精力似乎更加旺盛了。他拉着妈妈去公园散步，一路上蹦蹦跳跳，仿佛有使不完的劲。在公园里，豆豆更是如鱼得水，玩滑梯、荡秋千、追蝴蝶，每一个项目都不肯错过。而妈妈则跟在豆豆身后，既要确保他的安全，又要随时准备应对他突如其来的各种需求，身心俱疲。

夜幕降临，终于到了回家的时间。豆豆虽然也显得有些疲惫，但那份活泼好动的天性依然让他兴奋不已。他拉着妈妈讲着一天的趣事，眼睛里依然闪烁着兴奋的光芒。夜深人静，豆豆终于进入梦乡时，妈妈才感受到自己身体的疲惫。她轻轻地抚摸着豆豆的头，心中既有欣慰也有无奈。她知道，这就是作为母亲的幸福与挑战，即使再累，也要为了孩子的快乐和健康而努力。在疲惫与幸福交织的情绪中，妈妈也缓缓进入了梦乡，期待着明天与豆豆一起迎接新的冒险和挑战。

1. 孩子为什么那么爱动？

0~3岁的婴幼儿正处于身心发展的起步阶段，这个时期婴幼儿脑神经纤维发育快速，是树突发展的关键时期，大脑中树突网络构造密集，轴突髓鞘化的速率加快。由于语言发展水平的限制，这个时期的婴幼儿以直觉行动思维为主，依靠动作感知来适应外界环境。其中最显著的一个现象就是刚出生不久后的婴儿都会不自觉地吸吮自己的手指，这是他们认知世界最原始的方式，"吸吮"使他们感知到外界事物的存在。孩子会通过触摸、品尝、嗅闻等方式来感知物体的质地、味道和气味。他们喜欢跑、跳、爬等动作，通过身体运动来探索空间和环境。随着语言能力的初步发展，孩子会不断尝试用语言表达自己的需求和发现。

2. 爱动就是多动症吗？

家长不必过于担心，实际上，好动不等于多动症，好动调皮是孩子的天性。从出生开始，婴儿就开始通过他全身的感觉器官来吸收他周围的所有信息。他所接触到的一切都是陌生、新鲜和未知的，他对周围的环境充满了好奇。

儿童多动症又称注意缺陷多动症（ADHD）或脑功能轻微失调综合征，目前认为多动症的发病是遗传和环境因素共同作用的。多动症存在脑功能异常，属于精神障碍中"神经发育障碍"。与同龄儿童相比，多动症患儿注意力不集中，注意力时间短，活动过度和冲动，还伴随着学习困难、行为障碍和适应不良（在

第二章第 6 节进行阐述）。

第二章第 6 节进行阐述）。

应对策略

1. 家庭应对策略

❀动静结合：既然好动是孩子的天性，那么就要给孩子充分的自由时间，在保证安全的情况下，让孩子自由释放他的天性。但是要确保有一定的时间，可以让宝宝能够安静下来。比如让宝宝能安静地、集中精力地看会动画片、玩玩具、画画等。注意力不集中是宝宝好动的一个重要表现，这也是很多家长的担心所在，尤其是宝宝即将进入幼儿园，父母就更加烦恼，生怕自己家的宝宝因注意力不集中，不能专心听讲，而输在了起跑线上。研究表明，2 岁的孩子平均注意力集中时间为 7 分钟，4 岁的孩子有 12 分钟，5 岁的孩子有 14 分钟。孩子的年龄越大，注意力集中在重要事情上的时间就越长。因此，判断一个孩子是否专心，应该以所在年龄段的注意时间长短为依据，而不是以父母的主观感受为依据。当然，专注力是一种习惯，习惯应该从小养成，父母抓得越早，效果就越好。

❀制订规则：给宝宝自由，确实符合他们的发展规律，但必须要有规则来约束他们，必须让孩子们理解和遵循，他们什么时候，在什么场合能做什么事情。例如，别人在休息或睡觉时，不能大声喧哗；在公共场合，如何尊重他人和约束自己的行为。必要时，家长可以设定奖惩措施。否则，如果我们盲目放纵，好动活泼的孩子就会在"熊孩子"的路上渐行渐远。

❀设定定时活动：为孩子安排一些定时活动，如户外散步、亲子游戏等，让他们在特定的时间内尽情活动，同时也培养了他们的时间观念。例如，每天固定时间去公园玩耍，不仅让孩子期待，也让他们学会等待和规划。建立宝宝的日常作息表，包括固定的吃饭、睡觉和玩耍时间。规律的生活可以帮助宝宝建立良好的生活习惯，同时也能让妈妈更容易计划和安排自己的时间，避免过度疲劳。

❀正面激励：当孩子表现出良好的行为时，及时给予肯定和奖励，增强他们的自信心和积极性。可以是一句鼓励的话语、一个温暖的拥抱，或者是一张贴纸，这些小小的奖励都能让孩子感受到成就感。

❀保持积极的心态：面对宝宝的活泼好动，妈妈要保持耐心和积极的心态。宝宝的每一次尝试和探索都是他们成长的一部分，妈妈应该以鼓励和引导为主，让宝宝在快乐中成长。

通过这些方法，家长可以更好地引导孩子的爱动天性，让他们在安全、健康的环境中快乐成长。同时，家长也可以通过观察孩子的兴趣和反应，不断调整引导策略，以适应孩子不断变化的需求和成长。在这个过程中，家长的耐心和理解至关重要，因为每个孩子都是独一无二的，他们以自己的方式探索世界，而家长的任务就是为他们提供支持和引导，让他们在探索中发现自我，发展潜能。

2. 学校应对策略

❀提供安全的活动空间：为孩子设置一个宽敞、无危险物品的活动区域，让他们自由探索。确保地面铺有软垫，角落里没有尖锐的边角，所有插座安装安全盖，以防止孩子在探索时受伤。

🍀鼓励有益的活动：引导孩子参与一些有益的活动，如绘画、拼图、积木等，这些活动既能满足他们的运动需求，又能促进智力发展。例如，通过拼图游戏，孩子不仅锻炼了手眼协调能力，还学会了耐心解决问题的技巧。

🍀提供多样化的玩具和游戏：根据宝宝的年龄和兴趣，准备一些适合他们发展的玩具和游戏。这些玩具可以激发宝宝的好奇心，让他们在游戏中学习和成长。同时，多样化的玩具也能让宝宝保持新鲜感，减少无聊和烦躁的情绪。

🍀鼓励参与性游戏：与宝宝一起玩互动游戏，如躲猫猫、追逐游戏等，这样既能满足宝宝好动的需求，又能增进亲子关系。在游戏中，教师可以适时地引导宝宝学习新的技能，如手眼协调、平衡能力等。

🍀制订规则：与孩子一起制订简单的规则，如不在餐桌上乱动、不乱扔玩具等，帮助他们理解并遵守社会规范。通过角色扮演和情景模拟，让孩子在游戏中学习如何在不同场合下表现得体。

🍀教会宝宝基本的安全规则：随着宝宝年龄的增长，逐渐教会他们一些基本的安全规则，如不在楼梯上奔跑、不碰热水等。这有助于宝宝自我保护，减轻家长的担忧。

3岁内孩子探索世界的途径主要包括通过感官体验、游戏互动、阅读故事、户外活动以及与家人和朋友的日常交流。通过触摸、看、听、尝和闻，孩子能够直接感受周围环境。游戏是他们学习和理解世界的重要方式，通过玩耍，他们可以发展社交技能、解决问题的能力和创造力。阅读故事能够激发孩子的想象力，帮助他们理解不同的概念和情感。户外活动则提供了探索自然和物理世界的机会，促进身体发展。与家人和朋友的交流则帮助孩子学习语言、沟通技巧和社交规则。

爱与成长的交响曲 🎵

孩子好动：探索世界的途径

探索欲望的满足对于孩子的成长至关重要。它不仅有助于孩子积累知识和经验，还能促进他们的智力、情感和社会性发展。好动是儿童的天性，在好奇心的驱使下，儿童会不断地探索周围世界，提升自己的运动能力和思维能力。孩子如果不好奇，他就不会接触到事物。若孩子不去接触事物，那么他就无法理解事物的本质和情况。因此，好动是孩子获得知识最重要的途径之一。0~3岁是孩子成长过程中的一个重要阶段，此时他们正处于认知发展的高峰期，对周围世界充满了好奇心。这种好奇心驱使他们不断地探索、尝试和发现新事物。因此，家长和教育者应该积极鼓励和支持孩子的探索行为，为他们提供安全、丰富的探索环境。

从这个角度来看，宝宝越好奇，大脑就越活跃；大脑越活跃，宝宝就越聪明。父母不必担心孩子好动的问题，在游戏和行动的过程中，他实际上在学习和探索。在保证安全的前提下，父母可以让孩子尽可能多地玩耍。同时，父母也可以利用孩子的好奇心和他们玩游戏，有意识地引导孩子在玩耍的过程中，用自己的头脑去思考和解决，从而促进大脑的发展。

（轩妍　胡晓静）

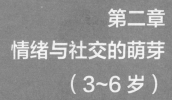

第二章
情绪与社交的萌芽
（3~6岁）

　　学龄前期是儿童情绪发展的关键阶段，指3到6岁的年龄段。在此时期，儿童能够体验和表达更为细腻和复杂的情感，如同理心和嫉妒等，这些情感通过语言表达变得更加明确。儿童在与同伴互动中，学习如何调节自己的情绪，或是通过观察周围人的面部表情和行为来理解他人的情感状态，例如在分享玩具或参与团队游戏时，他们可能会经历失望、嫉妒或快乐等多种情感，而这些社交经历让他们逐渐学会如何调节自己的情绪，理解他人的需求，从而促进同理心的发展。随着语言能力的进一步发展，儿童能够准确地表达自己的感受，从而在面对挫折或冲突时更有效地沟通。因此，学龄前期是儿童建立复杂情感理解和社交能力的重要时期，更是培养孩子正向情绪的重要阶段。

（简雅玲）

第1节　小情绪，大世界：理解孩子的情绪表达

案例故事 📖

　　幼儿园的操场上，小杰独自坐在秋千上，轻轻地摇晃着，

眼中藏着一抹不易察觉的忧郁。今天，班里举行了一场讲故事比赛，小杰满怀期待地参与，却未能获得他心中的第一名。看着获奖的小朋友站在讲台上，笑容灿烂，小杰的心里仿佛被一层薄雾笼罩，有种说不出的滋味。放学后，小杰没有像往常那样兴高采烈地与妈妈分享幼儿园的趣事，而是默默地走在妈妈身边，步伐显得有些沉重。回家的路上，妈妈试图引导他说话，小杰却只是轻轻摇头，用稚嫩的声音说："妈妈，我今天不太想说话。"晚餐桌上，小杰的碗筷动得比平时慢了许多，平时最爱的饭菜也似乎失去了往日的香味。夜深人静，小杰躺在床上，脑海中反复回放着白天的场景，那份未被言说的失落和自我怀疑如同夜色中的微光，轻轻闪烁。他翻来覆去，难以入眠，小小的心灵里承载着属于自己的"小情绪"。小杰的故事，就像一盏微弱的夜灯，提醒着我们，即使是活泼可爱的孩子，也会有他们的"小情绪"，需要被细心观察和温柔对待。

案例解读🔍

1. 小杰在故事中表现出了怎样的情绪，这反映了儿童情绪表达的哪些特点？

　　小杰在故事中表现出的情绪主要是失落和自我怀疑。当他在讲故事比赛中未能获得期望的成绩时，这种失落感源于对结果的期待与实际结果之间的落差，这是儿童在面对挑战和竞争时常见的情绪反应。而自我怀疑，则体现在他晚餐时的食欲不振和夜间的辗转反侧，这表明他开始对自己的能力产生怀疑，担心自己是否足够好。儿童在表达这类情绪时，往往不会直接说出来，而是通过行为改变（如沉默寡言、食欲减退、睡眠质量下降）来体现，这需要家长和教育者的细心观察和理解。

2. 什么是幼儿情绪表达？

幼儿情绪表达是指幼儿通过各种方式展示和传达他们内心感受的过程。由于幼儿的语言和认知能力尚在发展中，他们表达情绪的方式可能与成人有所不同，更多地依赖于非言语的方式。以下是幼儿情绪表达的几种常见形式。

面部表情：幼儿会通过面部表情来表达快乐、悲伤、愤怒、惊讶等基本情绪。例如，微笑表示快乐，哭泣表示悲伤或痛苦，皱眉表示愤怒或不满。

身体语言：幼儿可能会通过身体动作来表达情绪，如拥抱表示亲近，踢腿或挥动手臂可能表示愤怒或兴奋，身体的紧绷或放松可以反映紧张或放松的情绪状态。

言语表达：随着语言能力的发展，幼儿开始使用言语来表达自己的感受，虽然词汇可能有限，但他们会尝试用简单的词汇或短语来描述自己的情绪，如"我高兴""我难过"。

声音变化：幼儿的哭声、笑声、尖叫等声音变化也是情绪表达的重要方式。例如，高声尖叫可能表示兴奋或恐惧，而哭泣则通常表示悲伤或需求未被满足。

行为反应：幼儿可能会通过行为来表达情绪，如扔玩具表示愤怒，躲藏表示害怕，寻求拥抱表示寻求安慰或安全感。

创造性的表达：通过绘画、舞蹈、音乐等艺术形式，幼儿能够以非言语的方式表达自己的情绪。例如，用鲜艳的颜色画画可能表示快乐，而用暗淡的颜色可能表示不开心或悲伤。

幼儿情绪表达是其情感发展和社交技能成长的重要组成部分。成人通过观察和理解幼儿的情绪表达，可以更好地满足幼儿的需求，同时提供适当的安慰和支持，也有助于引导幼儿学习如何以更健康、更有效的方式表达和管理自己的情绪。通过积极的情绪教育，幼儿可以逐渐学会用言语更清晰地表达感受，以及如何在社交互动中适当地展现和调节自己的情绪。

应对策略

面对幼儿可能产生的各种情绪，家长和教育者需要从多个角度入手，给予孩子全方位的关爱和引导。

1. 家庭应对策略

❀创建情感安全区：家庭是孩子情感表达的最初和最重要的场所。家长应创造一个无条件接纳、理解和支持的环境，鼓励孩子表达所有的情绪，无论积极或消极。通过定期的"家庭情绪时间"，每个家庭成员都可以分享自己的一天，包括高兴和不高兴的时刻，增强家庭成员间的情感连接。这不仅能促进孩子的情绪表达，还能增强他与家人的沟通能力。

❀丰富情绪词汇与教育：家长应通过日常对话，帮助孩子学习和理解更多的情绪词汇，如失望、沮丧、嫉妒、耐心、感激等。

通过阅读情感丰富的书籍，观看动画片后进行讨论，家长可以引导孩子理解不同情绪的含义，以及这些情绪在不同情境下的表现，从而帮助他更准确地识别和描述自己的情绪状态。

🍀情绪管理技巧的教授与实践：家长可以引导孩子学习和实践情绪管理技巧，如深呼吸、冷静数数、使用情绪日记、进行体育运动或艺术创作等，帮助他在遇到挑战时，能够自我调节情绪，避免情绪过度累积导致的行为问题。家长还可以通过角色扮演的方式，模拟日常生活中可能遇到的情绪挑战，教给孩子如何在具体情境中应用这些技巧。

2. 学校应对策略

🍀情绪教育的全面整合：学校应将情绪教育视为基础教育的一部分，通过跨学科的教学活动，如故事讲述、角色扮演、情绪游戏、绘画和写作等，帮助孩子们理解情绪的多样性，学习情绪表达与管理。教师可以设计一系列的情绪教育课程，覆盖情绪识别、表达、理解和管理等各个方面，确保每个孩子都能从中受益。

🍀社交技能的系统培养：学校应通过小组合作、轮流游戏、角色扮演等互动活动，促进孩子们的社交技能发展，教育他们如何在集体中表达需求，同时尊重他人的感受，学会分享与合作的重要性。通过这些活动，孩子们不仅能够学习如何与人建立良好的关系，还能在实践中学会处理冲突和解决合作中的问题。

🍀教师专业培训与持续发展：学校应定期组织教师参加情

绪教育和儿童心理的专业培训，提升教师对儿童情绪教育的理解和实践能力。教师应掌握观察儿童情绪状态的技巧，识别情绪问题的早期迹象，及时提供支持和干预。此外，教师还应学习如何在课堂上创造一个积极、安全和包容的环境，让每个孩子都能感受到被尊重和被理解。

3. 专业应对策略

🍀专业心理辅导的系统性介入：学校可与专业儿童心理辅导师建立长期合作关系，为有需要的孩子提供定期的情绪辅导，帮助他们更深入地理解和管理自己的情绪。心理辅导师可以通过一对一的咨询、小组讨论或家庭辅导等方式，提供针对性的干预，帮助孩子克服情绪障碍，提高情绪调节能力。

🍀家长教育与工作坊的定期举办：学校应定期举办家长工作坊，邀请儿童心理学家，为家长提供关于儿童情绪教育的理论知识与实践技巧。通过工作坊，家长可以学习如何观察和理解孩子的情绪，如何有效沟通和引导孩子的情绪表达，以及如何在家庭中创造一个有利于情绪健康发展的环境。

🍀情绪健康监测与早期干预体系的建立：学校应建立一套完善的情绪健康监测体系，定期评估学生的情绪状态，及时发现并干预情绪问题。这包括设立学生情绪日记、定期进行情绪健康问卷调查、开展情绪健康教育活动等。如发现有情绪问题的孩子，学校应及时提供心理健康支持，包括转介至专业心理辅导、家庭辅导或医疗咨询等。

爱的力量，驱散阴霾

夕阳的余晖温柔地洒落，如同淡淡的金边，装点着世界的角落。偶尔飘过的云彩，轻轻遮住阳光，带来一丝不易察觉的忧郁。小小的失落，如同秋千的轻轻摇晃，让心情起起伏伏。

在爱的陪伴下，无需言语，一份温柔的握紧，足以传递无尽的支持。夜幕降临，温暖的话语如同夜空中最亮的星星，穿越内心的阴霾，指引着前行的方向。

在成长的路上，爱的力量温柔而强大，它如同一盏永不熄灭的灯塔，照亮前行的道路，让每一颗幼小的心灵，都能在爱的光芒下茁壮成长，驱散所有的阴霾。

（童亚慧）

第2节　情绪引导：父母如何成为孩子的情绪教练？

案例故事 📖

在一个晴朗的下午，小雨放学回家，脸上没有了往日的笑容，取而代之的是一丝不易察觉的沉闷。妈妈察觉到了小雨的异样，没有立即询问，而是静静地坐在他身边，轻轻地抚摸着他的头发，用无声的行动表达着关怀。过了一会儿，妈

妈温柔地开口："小雨，妈妈注意到你今天有点不一样，你愿意和妈妈分享发生了什么吗？"小雨抬头，眼中闪过一丝犹豫，但妈妈温暖的目光让他感到安心。他缓缓开口，讲述了今天在学校和朋友发生的争执，那份小小的伤心和困惑如同解开的绳结，慢慢展现在妈妈面前。妈妈没有立即给出建议，而是耐心倾听，偶尔点头表示理解，用言语轻轻抚慰："有时候，朋友之间会有一些小摩擦，这很正常。重要的是，我们可以从中学到如何更好地与人相处，对吗？"小雨点点头，眼中渐渐恢复了往日的光芒。这个简单而温馨的场景，展示了父母如何以温柔和理解的态度，与孩子探讨情绪，为他们提供一个安全的环境，让他们学会表达自己的感受，同时也感受到家人的支持和鼓励。

案例解读 🔍

1. 在故事中，妈妈是如何察觉到小雨情绪变化的？父母在观察孩子情绪变化时应具备哪些能力？

    在故事中，妈妈通过细致的观察，注意到了小雨放学回家时脸上表情的变化，以及他缺乏往日的笑容和活力。这体现了父母在观察孩子情绪变化时应具备的敏感性和观察力。父母需要学会从孩子的面部表情、身体语言和日常行为中捕捉到细微的情绪信号，这些信号可能包括孩子的情绪低落、兴趣减退、行为改变等。同时，父母还应具备同理心，能够设身处地地理解孩子可能面临的困扰，从而更加敏锐地识别孩子的情绪变化，及时提供支持和安慰。

2. 故事中妈妈与小雨的对话体现了哪些有效的沟通技巧？这些技巧对帮助孩子表达情绪和解决问题有何作用？

　　故事中妈妈与小雨的对话体现了以下几点有效的沟通技巧：首先，妈妈使用开放式问题（"你愿意和妈妈分享发生了什么吗？"）鼓励小雨自由表达自己的感受，而不是简单地用"是"或"否"来回答。这有助于孩子更深入地思考和表达自己的情绪。其次，妈妈在倾听小雨讲述时，通过点头、眼神交流和言语反馈（"这很正常，我们可以从中学到如何更好地与人相处"），展现了积极的倾听和理解。这种态度让小雨感到被重视和理解，有助于增强他的信任感和安全感，使他更愿意敞开心扉。最后，妈妈在对话中没有立即给出解决方案，而是先肯定小雨的感受，再逐步引导他思考问题的解决方法，这种技巧有助于培养孩子自我解决问题的能力，同时让他们感受到父母的陪伴和支持，这对于孩子建立自信和处理复杂情绪具有重要作用。通过运用这些沟通技巧，父母不仅能够帮助孩子学会表达和理解自己的情绪，还能教会他们如何以健康的方式处理情绪，促进其情感智力的发展，为孩子未来的人际交往和情绪管理打下坚实的基础。

应对策略

　　面对父母该如何与孩子谈论情绪的问题，通过家庭、学校和专业层面的综合策略，我们可以为孩子营造一个全面、健康的情感发展环境，帮助他们成长为心理素质强的个体。

1. 家庭应对策略

🍀建立开放沟通的环境：家庭是孩子情感发展的第一课堂。家长应当营造一个温馨、包容的氛围，鼓励孩子分享自己的感受，无论是快乐、悲伤还是愤怒。这种开放的沟通环境能够帮助孩子建立自信，让他们在面对情绪困扰时，能够主动寻求帮助。家长可以通过定期召开家庭会议，让每个家庭成员都有机会表达自己的感受和想法，这种习惯能够加深家庭成员间的理解，增强家庭的凝聚力。

🍀情绪教育：在日常生活中，家长可以通过各种方式对孩子进行情绪教育。比如，通过阅读故事书，讨论书中的角色如何处理不同的情绪，引导孩子学习如何在现实生活中应用这些技巧。家长也可以分享自己处理情绪的经历，让孩子看到成年人也有情绪波动，学习如何健康地表达和管理这些情绪。此外，家长还可以通过绘画、音乐、运动等形式，帮助孩子找到适合自己的情绪释放渠道。

🍀共同解决问题：当孩子遇到挑战或困难时，家长应引导孩子共同思考解决方案，而不是立即给出答案。这不仅能够培养孩子的解决问题能力，还能增强他们的自信心。在这个过程中，家长应保持耐心，鼓励孩子表达自己的想法，即使这些想法在成人看来可能不够成熟。通过这种互动，孩子将学会在面对问题时保持冷静，寻找合适的解决策略。

2. 学校应对策略

🍀情绪智能课程：学校应将情绪智能教育纳入课程体系，

通过专门的课程或活动，帮助孩子认识和理解自己的情绪，学习情绪管理技巧。例如，学校可以组织情绪识别游戏，让学生通过面部表情、声音或文字描述来识别不同的情绪，增强他们的情绪识别能力。此外，角色扮演活动可以让学生体验不同的情绪场景，学习如何在实际生活中应用情绪管理技巧。

❀心理辅导资源：学校应配备专业的心理辅导团队，为有需要的学生提供及时的心理支持。心理辅导师可以开展个别咨询或小组辅导，帮助学生处理情绪问题，提供应对策略。同时，心理辅导团队还应与教师和家长保持紧密联系，形成家庭—学校—社会三方面的支持网络，共同关注学生的情绪健康。

❀家校合作：学校应加强与家长的沟通，定期举办家长会，分享学生的情绪发展情况，提供情绪教育的指导和资源。通过家长工作坊或在线研讨会，学校可以帮助家长如何识别孩子的情绪信号，以及如何实施情绪教育。这种家校合作不仅能够促进孩子的情绪健康，还能提高家长的教育能力，形成良好的家校教育生态。

3. 专业应对策略

❀专业咨询：对于情绪问题较为严重或复杂的孩子，家长和学校应考虑寻求专业心理咨询师的帮助。专业咨询师能够提供专业的评估和干预，帮助孩子处理深层次的情绪问题，如焦虑、抑郁等。通过一对一的咨询，孩子可以在安全的环境中探索自己的感受，学习更有效的应对策略。

❀工作坊和培训：为了提升教师和家长在情绪教育方面的

能力，专业机构可以提供专门的工作坊和培训课程。这些课程不仅教授情绪识别和管理的理论知识，还提供实用的技巧和策略，如正念冥想、情绪日记等，帮助教师和家长在日常生活中实践情绪教育。

❀社区资源：社区是情绪健康教育的重要平台。社区中心、图书馆等公共场所可以定期举办情绪健康讲座、工作坊和活动，为家庭提供额外的支持和资源。社区的参与有利于建立一个更广泛的支持网络，促进孩子的情绪健康和全面发展。

爱与成长的交响曲 ♪

爱的光芒，照亮成长之路

柔和的夕阳洒落，天边晚霞美丽却带哀愁。在沉默中，一份无声的陪伴，传递着爱与支持。

当温柔的话语打破沉默，理解与鼓励的眼神如同一盏明灯，照亮内心的阴霾。倾诉中，那些微不足道的小事在心灵中掀起的风暴，被温暖的阳光一点点驱散。

故事落幕，笑容重新绽放，是被理解、被接纳的幸福。在成长的路上，风雨难免，但只要有爱、有理解、有陪伴，便能勇敢面对。爱的光芒，如同夜空中最亮的星，无论何时何地，都照亮前行的道路，让内心充满力量，勇敢地迎接每一个明天。

（童亚慧）

第 3 节　呵护自尊，适度撒娇：培养自信与安全感

在一个阳光明媚的周末早晨，5 岁的小杰因为玩拼图游戏遇到了难题，尝试多次后依然无法完成，心中不免有些沮丧。他眼眶微微泛红，带着几分委屈看向爸爸，这是他的小小撒娇——一种自然流露的情绪表达。爸爸立刻注意到了小杰的情绪变化，他没有直接接过拼图帮忙，而是蹲下来，温和地说："小杰，我知道这个游戏很难，你已经很努力了，爸爸为你感到骄傲。"听到这里，小杰的脸上闪过一丝惊喜，爸爸继续鼓励："你觉得难没关系，每个人都有觉得困难的时候。但是你看，你已经完成了大部分，是不是很棒？"得到爸爸的认可和鼓励，小杰的眼中重燃起信心的火花。爸爸接着提议："我们一起找找看哪里出了问题，好吗？"在爸爸的陪伴和指导下，小杰终于找到了拼图的关键点，成功完成了整个图案。那一刻，小杰欢呼雀跃，成就感溢于言表。爸爸拥抱住小杰，笑着说："你看，你做到了！记住，遇到困难时向爸爸妈妈撒个娇没问题，但更重要的是相信自己，你总是能克服难关的。"

　　这次经历，不仅让小杰学会了面对挑战不放弃，也让他懂得了自我肯定的重要性。他知道，在家人眼里，他是值得骄傲的，这份肯定给予了他无尽的力量，让他在未来的人生道路上

更加自信、坚强。同时，适当的撒娇也是情感交流的一种形式，它让亲子关系更加亲密，也让小杰学会了健康的情绪表达。

案例解读 🔍

1. 故事中小杰最终完成拼图的过程，如何反映了自我肯定感在儿童成长过程中的作用？

　　小杰最终成功完成拼图的经历，深刻展示了自我肯定感在儿童成长过程中的关键作用。

　　激发内在动力：在父亲的鼓励下，小杰意识到自己有能力完成任务，这种认知激发了他的内在动机，推动他继续尝试直至成功。自我肯定感促使儿童相信自己的潜力，勇于面对挑战。

　　增强适应能力：面对困难时，拥有较高自我肯定感的孩子更能保持积极心态，因为他们相信自己能够找到解决问题的方法。小杰的例子说明，自我确信能够转化为实际行动，提高个人的适应能力和韧性。

　　促进自我效能感的建立：当小杰完成拼图后，他体验到了成功的喜悦，这一成功经历进一步增强了他对自身能力的信任，即自我效能感。长期而言，自我效能感的提升有利于儿童形成健康的自我形象，为其未来的成就奠定基础。

　　总之，通过故事中具体的情境，我们可以看出自我肯定感不仅是儿童情绪健康的重要组成部分，也是其社会技能、学业成绩及整体福祉的基石。家长和社会应致力于创造环境，不断强化儿童的自我价值感，帮助他们在成长旅程中茁壮成长。

2. 孩子为什么会撒娇？

孩子撒娇是儿童发展过程中一个非常自然且常见的现象，它通常反映了孩子的多种心理需求和情感状态。以下是孩子撒娇的几个主要原因。

情感表达和寻求关注：孩子，尤其是年幼的孩子，可能缺乏用语言准确表达情感的技巧。撒娇可以是他们表达需求、不安、挫败感或渴望得到关注和爱的一种方式。

寻求安慰和安全感：在面对挫折、恐惧或不确定性时，孩子可能会通过撒娇来寻求父母的安慰和保护，这能给他们带来安全感和稳定感。

模仿和学习：孩子会观察大人的行为并模仿，如果他们看到家庭成员在特定情况下撒娇并得到了积极的回应，他们可能会模仿这种行为，以期获得相似的结果。

探索界限和自主性：随着年龄的增长，孩子开始探索自己的界限和自主性。撒娇有时可以是他们测试成人反应、了解自己在家庭中地位和权力的一种方式。

寻求帮助：孩子在遇到自己无法解决的问题时，可能会通过撒娇来寻求帮助，这是他们寻求成人介入和指导的信号。

表达不满或抗议：当孩子的需求没有得到满足或规则限制了他们的行为时，撒娇可以是他们表达不满和抗议的一种方式。

理解孩子撒娇背后的原因对家长来说非常重要，这有助于家长以更加同情和有效的方式回应孩子的需求，同时也能帮助孩子学习更健康的情感表达和自我调节技巧。通过适当的引导和支持，孩子可以学会在撒娇和合理表达需求之间找到平衡，这对他们的个人成长和社交技能的培养都大有裨益。

应对策略

面对幼儿可能产生的各种情绪包括自我怀疑和撒娇，家长和教育者需要从多个角度入手,给予孩子全方位的关爱和引导。

1.家庭应对策略

❀积极倾听与情感共鸣：家长应该成为孩子情感的共鸣板，当孩子遇到困难或挑战时，给予他们充分的倾听和理解。通过开放式问题鼓励孩子表达自己的感受，如"你今天感觉怎么样"或"这件事让你感到难过吗"，这样不仅能增强亲子间的连接，还能帮助孩子学会识别和表达自己的情绪。

❀设定清晰的界限与一致性：在家庭中，建立清晰、一致的规则对孩子的成长至关重要。这些规则应涵盖行为期望、家庭责任和合理撒娇的界限。家长可以设定特定的时间和场合，如睡前故事时间，允许孩子撒娇；同时，要明确界定并告知孩子，哪些行为是不可接受的，比如在公共场合大吵大闹。

❀情感教育与自我表达的培养：家庭应成为孩子情感教育的第一课堂。家长可以通过日常对话、阅读情感丰富的故事书、观看电影后讨论角色的感受等方式，帮助孩子理解和表达自己的情感。此外，鼓励孩子参与艺术、音乐和写作等活动，可以为他们提供表达自我和探索情感的创造性出口。

❀建立自尊与自信的日常实践：通过设定可达成的小目标，如自己整理玩具、完成一项简单的家务任务，家长可以鼓励孩子体验成功感，从而增强自尊和自信。同时，家长应提供积极的反馈，强调孩子的努力和进步，而不仅仅是结果，以培养其内在动力和自我效能感。

2. 学校应对策略

❀情感安全的班级文化：学校应致力于创建一个包容、支持的学习环境，让孩子们感到自己的感受和需求被重视。教师和同学之间的相互尊重、理解和同情，可以为孩子们提供一个安全的空间，让他们敢于表达自己的情感，包括合理的撒娇行为。

❀社交与情感技能的全面教育：学校应将情感和社交技能教育纳入课程，不仅教授学术知识，还应包括情绪管理、冲突解决、同理心和团队合作等技能。通过角色扮演、小组讨论和实践活动，孩子们可以在实践中学习如何健康地表达情感，包括如何在合理撒娇和自我独立之间找到平衡。

❀教师作为情感支持的榜样：教师不仅应是知识的传递者，还应成为情感支持的提供者。他们应接受相关培训，学习如何识别和响应孩子的情感需求，如何在孩子遇到困难时提供安慰和指导，以及如何促进班级内的情感安全。

3. 专业应对策略

❀专业心理咨询与早期干预：专业的心理咨询师可以为儿童提供一个安全的环境，帮助他们探索和处理深层次的情感问题。通过游戏治疗、艺术疗法和认知行为疗法等，孩子们可以学会更健康地表达情感，包括合理撒娇，以及如何建立积极的自我形象。

🍀家长与教师的专业培训：组织定期的研讨会、工作坊和在线课程，为家长和教师提供关于儿童情感发展、合理撒娇行为的理解和应对策略的专业培训。这不仅可以提高成人对孩子情感需求的敏感度，还能促进家校之间的有效沟通与合作。

🍀研究与资源的开发：持续进行儿童情感健康和发展的研究，开发更多针对性的教育资源和工具。例如，开发专门针对儿童情感教育的互动应用程序、情感故事书和游戏，这些资源应旨在以儿童友好的方式教授情感识别、表达和调节的技能。

爱与成长的交响曲 🎵

爱与成长，心灵的链接

晨光洒满房间，温馨弥漫。在专注与努力中，挫败感悄然来袭，带来一丝迷茫。此时，一份静默的陪伴悄然而至，宽厚的手掌传递着温暖与力量，两颗心靠得更近。

话语低沉而充满磁性，如春日暖阳融化心中的冰霜，照亮前行的道路。并肩同行，共同寻找缺失的一角，色彩斑斓的世界在眼前展开，笑容灿烂如花。

拥抱中，自豪之情溢于言表，鼓励与支持让心灵更加坚韧。在爱的滋养下，成长之路坚实而有力，每一次跌倒都是迈向成功的宝贵财富。撒娇与理解，提醒着大人与孩子之间，那份被听见、被看见的温暖，是成长中最宝贵的链接。

（童亚慧）

第4节　孩子别怕！

　　在一个风雨交加的夜晚，轩轩独自躺在床上，听着窗外呼啸的风声和偶尔传来的雷鸣，心里充满了恐惧。他紧紧地闭上眼睛，试图用被子将自己包裹起来，但脑海中却不断浮现出各种可怕的画面：黑暗中藏着的大怪兽、窗外突然出现的幽灵……这些想象让小明的心跳加速，额头上渗出了细密的汗珠。

　　轩轩今年5岁，是个聪明活泼的孩子，但自从一次偶然的机会在电视上看到了一部恐怖片的片段后，他就对黑暗产生了深深的恐惧。每当夜幕降临，他总是缠着父母要求陪伴，甚至不敢独自去卫生间。父母意识到这样下去不是办法，必须找到一种方法来帮助轩轩克服这种恐惧。

1. 轩轩为什么会怕黑？

　　5岁的轩轩正处于皮亚杰认知发展理论的"前运算阶段"向"具体运算阶段"过渡的时期。在这个阶段，儿童的想象力非常丰富，但他们的逻辑思维和批判性思维能力尚未完全发展。因此，他们容易将现实与幻想混淆，难以区分哪些事物是真实存在的，哪些只是自己的想象。恐怖片中的恐怖场景和角色，对于轩轩来说可能过于逼真且难以在心理上将其与现实生活区分开来，从而导致了对黑暗的恐惧。

2. 什么是儿童恐惧？

恐惧是一种常见的情绪体验，在儿童早期，恐惧感就已经伴随着其经验的增长而出现。当儿童感到恐惧时，一般会表现出惊叫、战栗、放声大哭，甚至以后经历相似情境时会出现逃避、退缩等行为。

儿童期恐惧是一种心理问题，它指的是儿童对某些物体或情境产生过分激烈的情感反应。这种恐惧通常表现为强烈且持久，足以影响儿童的正常情绪和生活，特别是到了某个年龄本该不再怕的事物，儿童仍表现出惧怕。

5岁的轩轩在自我控制能力方面还存在一定的局限。他可能知道黑暗本身并不可怕，但他无法有效地控制自己的恐惧情绪。这种情绪上的失控感进一步加剧了他的恐惧和不安。

应对策略

1. 家庭应对策略

❀营造温馨的家庭氛围：家庭是孩子成长的摇篮，温馨和谐的家庭氛围能够给孩子带来安全感和归属感。父母应该避免在孩子面前争吵或表现出紧张焦虑的情绪，以免加重孩子的恐惧感。父母应该通过积极的言行和态度来传递正能量和安全感。

❀理解与沟通：当孩子表达恐惧时，父母应该耐心倾听并理解他们的感受。不要轻视或嘲笑孩子的恐惧情绪，而要给予足够的关注和支持。通过沟通了解孩子的恐惧来源和具体表现，有助于父母制订更有针对性的应对策略。

🍀正面引导与解释：父母可以用简单易懂的语言向孩子解释恐惧对象的本质和原因，帮助他们建立正确的认知。例如，在小明害怕黑暗的情况下，父母可以告诉他黑暗只是没有光线的状态，并不存在可怕的东西。同时，家长可以通过讲述和勇敢有关的故事或英雄人物来激励孩子克服恐惧。

🍀陪伴与安抚：在孩子感到恐惧时，父母应该及时给予陪伴和安抚。父母可以通过拥抱、抚摸等方式来缓解孩子的紧张情绪，并鼓励孩子勇敢地面对恐惧。在陪伴的过程中，父母还可以与孩子一起探索黑暗中的乐趣和美好事物，如观察星空、倾听风声等，从而帮助孩子逐渐克服对黑暗的恐惧。

2. 学校应对策略

🍀建立信任关系：教师应与孩子建立信任关系，让孩子感受到被尊重和理解。通过日常交流和互动，了解孩子的需求和担忧，及时给予支持和帮助。

🍀创造安全的学习环境：学校应确保环境的安全和舒适，减少可能引发孩子恐惧的因素。例如，保持教室的整洁和明亮，避免使用过于刺激或恐怖的教具和装饰。

🍀开展情绪教育活动：通过故事、游戏等形式，开展情绪教育活动，帮助孩子认识和表达自己的情绪，学会调节和管理情绪。

🍀家校合作：教师应与家长保持密切联系，共同关注孩子的情绪发展。通过定期沟通，了解孩子在家和学校的表现，共同制订应对策略。

3. 专业应对策略

🍀心理咨询：如果孩子的恐惧持续且严重影响日常生活，建议寻求儿童心理咨询师的帮助。心理咨询师可以通过专业的技巧和方法，帮助孩子逐步克服恐惧。

🍀家庭治疗：如果家庭环境或亲子关系是导致孩子恐惧的原因之一，可以考虑家庭治疗，通过改善家庭氛围和亲子互动模式，帮助孩子建立更健康的心理状态。

爱与成长的交响曲 𝄞

成长的足迹与爱的力量

爱是孩子成长道路上最坚实的后盾。家长和教师的爱可以给予孩子足够的安全感和自信心，让他们在面对恐惧时能够勇敢地迈出步伐。通过爱的传递和表达，我们可以让孩子感受到来自家庭的温暖和来自学校的关怀，从而更加自信地面对生活中的各种挑战。

每个孩子都在不断地成长和变化中。他们的每一次尝试和突破都是成长的见证。当我们看到孩子从最初的恐惧和不安中逐渐走出来，变得更加自信和勇敢时，我们会感到无比的欣慰和自豪。这不仅是孩子个人的成长，更是家庭和学校共同努力的结果。

家庭、学校和专业机构是孩子成长道路上的三个重要支柱。它们相互配合、相互支持，共同构成了孩子成长的交响曲。在这个交响曲中，每个音符都代表着不同的力量和智慧，它们共同奏响着孩子成长的旋律。当我们用心去聆听这个旋律时，会发现其中充满了爱与希望的力量，它们将引领着孩子们走向更加美好的未来。

（宋燕）

第 5 节　这么小就叛逆了？解读第一反抗期

案例故事 📖

在温暖的春日午后，阳光透过幼儿园的窗户，洒在正襟危坐的小朋友们身上。其中，3 岁半的小雨显得格外引人注目，不是因为他的乖巧，而是因为他突如其来的"叛逆"行为。最近，小雨开始频繁地在家里和幼儿园里捣乱，把玩具扔得满地都是，甚至有时还会故意撞倒同伴。更让家人和老师担忧的是，小雨偶尔会冒出一两句脏话，或者在情绪激动时出现抽动秽语的现象，这些变化让全家人都感到既困惑又无助。

小雨的妈妈张女士回忆起第一次发现小雨说脏话的情景，那是在一次家庭聚会中，虽然听起来像是模仿大人的语气，但那份不合时宜的直白还是让在场的所有人都愣住了。随后的日子里，小雨的行为似乎越来越难以控制，家里几乎每天都会上演一场"小闹剧"。

1. 小雨为什么会出现叛逆行为？

自我意识的发展和转变，让幼儿开始从主体角度来思考问题、认识世界，形成自己的观点与判断，与以前服从父母、讨好父母的相处方式比较则发生了转变，是一个从量变到质变的过程。幼儿叛逆行为大多数表现为因为其需要没有得到满足而产生的反抗和争取。当幼儿表达需要却没有得到预想的认可和理解，甚至遭到了批评时，他们就会不满，在不满情绪的影响下，更容易激发幼儿叛逆。

2. 什么是幼儿叛逆期？

幼儿期是指幼儿在 3~6 岁这个阶段。叛逆主要表现为两种倾向：一是表现出与期望或社会规则要求相反的行为，即反着来；二是忽视家长的建议，表现出坚持自己的行为，即听不进去。幼儿叛逆期是指幼儿在发展过程中通过解决自我矛盾、树立自我意识和规则意识发展的第一关键期，主要集中在 3 岁左右。这一阶段对幼儿来说是矛盾的，也是成长关键期，需要进行正确有效的引导，以帮助幼儿更好地塑造自我意识。

小雨的行为变化也与其所处的社交环境密切相关。幼儿园作为小雨新接触的小社会，他在这里学习如何与人相处，但也可能因不适应规则、渴望关注或模仿同伴（包括不良行为）而出现问题。此外，家庭中的教育方式、父母的情绪状态及家庭成员间的互动模式，都会对孩子的情绪发育产生深远影响。捣乱、说脏话等行为，往往是孩子表达不满、寻求关注或处理负面情绪的方式。小雨可能通过这些行为来宣泄内心的焦虑、挫败感或是对某些规则的抗拒。理解这些行为背后的情感需求，是解决问题的第一步。

应对策略

1. 家庭应对策略

❀建立稳定的情感联结：家长应给予小雨足够的安全感和爱，通过亲密的互动和沟通，建立稳固的亲子关系。这有助于小雨在面对挑战时，能够有力量从家庭获得支持和安慰。

❀正面引导与合理期望：采用积极鼓励而非惩罚的方式，引导小雨理解并遵守规则。同时，根据小雨的实际能力，设定合理的期望，避免过高的要求带来的挫败感。

❀情绪管理与示范：家长需学会管理自己的情绪，为孩子树立良好榜样。通过自身行为展示如何正确处理情绪，帮助小雨学会自我调节。

2. 学校应对策略

❀个性化关注与支持：幼儿园教师应关注小雨的个性特点，提供个性化的关怀和支持。通过定期与家长的沟通，共同制订适合小雨的教育计划。

❀环境适应与社交技能训练：创造包容、接纳的环境，帮助小雨适应幼儿园生活。通过游戏、角色扮演等活动，提升小雨的社交技能和情绪管理能力。

❀家园合力共促幼儿发展：家园双方应及时就幼儿在家和

幼儿园的行为和心理表现进行沟通，共同探讨解决幼儿教育问题的方式方法，形成教育一致性，共同促进幼儿的健康发展。通过开展丰富多彩的亲子活动，加强幼儿、家长及幼儿园的情感联系，融洽幼儿与家长、幼儿与教师、家长与教师之间的关系，促进幼儿的健康发展。

🍀专业咨询与介入：如发现小雨的行为问题持续且严重，幼儿园应及时联系专业的心理咨询师或儿童心理医生进行评估和干预。

3. 专业应对策略

🍀评估与诊断：通过专业的心理评估工具，了解小雨的行为问题背后的原因，排除器质性病变的可能性，明确是否需要进一步的心理治疗或药物干预。

🍀心理治疗：如家庭治疗，可以帮助小雨及家庭成员认识并改变不良的思维和行为模式，增强情绪调控能力。

🍀教育与训练：提供针对性的教育训练，如社交技能训练、情绪管理课程等，帮助小雨学会更有效地表达自己的情感和需求。

爱与成长的交响曲 🎵

在挑战中寻找成长的契机

面对小雨的行为挑战，无论是家庭、学校还是专业机构，都应秉持着爱与理解的态度，将每一次"叛逆"视为孩子成长路上的一个重要学习机会。通过共同努力，帮助小雨学会更好地管理情绪、适应环境、建立积极的人际关系，让他在爱与关怀中茁壮成长。在这个过程中，最重要的是保持耐心和信心。每个孩子的成长节奏都是独特的，他们需要时间和空间去探索、去犯错、去成长。当我们以开放的心态接纳孩子的每一个"不完美"，就能在爱与成长的交响曲中，共同谱写出一曲美妙的乐章。

（宋燕）

第6节 "人来疯"现象

案例故事 📖

小杰，一个5岁的小男孩，每当家中来客人或是处于人多热闹的场合时，就会变得异常活泼，仿佛有无穷的精力需要释放。他会在房间里跑来跑去，大声笑闹，甚至不时打断大人们的谈话，要

求关注。这种行为，常被家人和朋友们戏称为"人来疯"。虽然这种活泼的天性为聚会增添了不少乐趣，但家长也开始担心，小杰的这种表现是否超出了正常范围，是否预示着某些潜在的情绪或行为问题。

案例解读 🔍

小杰的"人来疯"现象，在一定程度上反映了学龄前儿童

特有的情绪表达方式。这个年龄段的孩子正处于自我意识和社交技能快速发展的阶段，他们渴望被关注、被认可，因此在特定场合下会表现得尤为活跃。然而，如果这种活泼过度影响到孩子的日常生活、学习和人际交往，那么就需要引起家长的重视了。

值得注意的是，虽然"人来疯"并不一定直接指向多动症，但多动症患儿确实常常表现出注意力不集中、活动过度和冲动等特征。这些特征与"人来疯"的某些表现有相似之处，但多动症的诊断需要综合考虑多个方面的因素，包括但不限于症状的持续时间、严重程度以及是否影响到孩子的功能性发展。那么，孩子活泼好动与多动症到底有哪些区别呢？

活泼好动与多动症在多个方面存在显著差异，活泼好动的孩子行为通常具有明确的目的性，活动有序且循序渐进。他们在不同的场合和环境中能够调整自己的行为，以适应不同的要求。活泼好动的孩子在活动内容和场合上具有一定的选择性。例如，他们可能在学习时表现出好动，但在自己感兴趣的活动上则能专心致志。活泼好动的孩子通常情绪稳定，能够积极应对生活中的各种挑战和变化。他们性格外向、乐观向上，容易与他人建立良好的关系。他们的注意力集中程度与正常儿童相似，能够完成需要花费精力的任务。他们通常能够正常参与社交活动，能够与他人和谐相处。

多动症儿童则不同，他们的活动往往缺乏明确的目的性，表现出杂乱无章、无计划的特点。他们在集体活动中容易不合群，以自我为中心，难以融入团队。多动症儿童缺乏选择性，他们在任何场合、任何活动中都表现出多动和注意力不集中的症状。他们无法长时间专注于某项任务或活动，总是容易被其他事物分散注意力。

活泼好动的孩子通常能够约束自己的行为，遵守游戏规则和课堂纪律。他们能够根据老师和父母的要求调整自己的行为方式。多动症儿童缺乏控制能力，他们做事冲动任性、没有耐心，常常无法控制自己的行为。在需要自我控制的场合中，他们往往表现出活动杂乱、无目的的特点。多动症儿童情绪不稳定，容易对小的刺激产生强烈的反应。他们可能表现出易怒、易激惹的特点，甚至可能产生攻击性行为。此外，他们还可能因为行为问题而受到批评和惩罚，进而产生自卑和恐惧的心理。多动症儿童存在明显的注意力缺陷。他们的注意力难以集中且持续时间短暂，容易分心并被无关的刺激所吸引。这种注意力缺陷导致他们在学习、生活和社交等方面都表现出困难。多动症儿童可能因为行为问题和情绪问题而影响到社交功能。他们可能无法与他人建立良好的关系，甚至可能产生社交障碍。此外，他们的学习成绩也可能受到影响，导致学习困难或学业成绩下降。

活泼好动与多动症在行为特点、情绪反应、注意力集中度和社会功能等方面都存在显著的差异。因此，家长和教育工作者应该正确区分这两者，以便为儿童提供针对性的支持和帮助。对于多动症儿童，应及时进行专业诊断和治疗以改善其症状并提高其生活质量。

当家长发现孩子出现类似"人来疯"的过度活泼行为时，

应保持警觉，观察孩子的行为模式是否持续存在，是否伴有多动症相关症状，如在学习或游戏中难以保持专注、容易分心、行事冲动等。一旦发现，应及时咨询专业医生进行评估和诊断。

应对策略

多动症应对的重要性不仅体现在个人成长与发展、学业成就方面，还关乎家庭和谐与亲子关系、社会适应与融入等多个层面。因此，我们应该积极寻求有效的应对策略，为多动症儿童提供全面的支持和帮助，促进他们的健康成长和全面发展。

1. 家庭应对策略

🍀建立规律的生活习惯：帮助孩子制订规律的日程计划，合理安排时间，确保他们有足够的时间完成任务，同时也有足够的休息和娱乐时间。维持稳定的作息，包括规律的饮食、均衡的营养和充足的睡眠，以减少孩子的冲动和分心行为。

🍀行为管理与奖惩制度：建立清晰且一致的行为规则，采用宽严相济、赏罚分明的教育策略。设立家庭奖惩制度，通过奖励制度加强孩子的良好行为，通过适当的惩罚措施来阻止消极行为。鼓励孩子参与制订规则的过程，增加他们的责任感和自律性。

🍀兴趣培养与专注力训练：发现并支持孩子的兴趣爱好，通过参与兴趣活动提高他们的专注度和持久性。使用分散学习的方法，缩短单次学习时间，适时休息，交替进行不同科目的学习任务。

❧家庭环境优化：创造一个安静、整洁、有利于集中注意力的家庭学习环境，减少干扰因素。营造一个稳定、安全、和谐的家庭氛围，以缓解孩子的焦虑和压力。

❧理解与接纳：家长应首先充分理解多动症是一种神经发育障碍，而非孩子故意为之或性格缺陷。接纳孩子的独特性，避免以"不听话""不专心"为由责备他们。多与孩子沟通，理解他们的需求和情绪，促进亲子关系的和谐发展。良好的亲子关系的建立，使父母与孩子更好地互动使学习形式多样化使学习过程更加有趣，还可以大大提高孩子的学习积极性。

2. 学校应对策略

❧教师理解与配合：学校教师应了解多动症的基本知识，理解孩子的行为特点，避免误解和过度批评。与家长保持密切联系，共同监测孩子的行为变化，及时调整教学策略。

❧课堂管理与环境调整：教师应向多动症儿童说明具体的课堂规则，并强调规则的重要性。合理安排教室环境，如将多动症儿童的座位安置在靠近老师的位置，以便得到更多的关注和指导。使用视觉提示和手势信号等方法，帮助多动症儿童保持注意力。

❧个性化教学：根据多动症儿童的学习特点，采用个性化的教学方法，如增加学习任务的趣味性、新颖性。采用个别辅导和团体辅导相结合的方式，提高多动症儿童的自我控制和问题解决能力。

3. 专业应对策略

🍀专业评估与诊断：建议家长带孩子到专业的医疗机构进行多动症的评估与诊断，确保诊断的准确性。遵循医生的建议，制订合适的治疗计划。

🍀药物治疗：在医生的指导下，根据孩子的具体情况选择合适的药物进行治疗。注意药物的不良反应和安全性，定期复诊，调整药物剂量。

🍀心理治疗与行为疗法：结合家庭治疗等心理治疗方法，帮助多动症儿童改变不良的思维模式和行为习惯。通过行为疗法，如奖励制度、代币奖励等方法，加强孩子的良好行为，减少不良行为。

🍀多学科合作：建立多学科合作团队，包括心理学家、儿童精神科医师、教育学专家等，共同为多动症儿童提供全面的治疗和支持。

爱与成长的交响曲 🎵

被温暖环抱的成长之路

学龄前期是儿童情绪发展的关键时期，家长和教育者需要密切关注孩子的情绪变化和行为表现。面对孩子的"人来疯"现象，我们应以理解和包容的态度去引导和支持他们。通过家庭的温暖、学校的关怀以及专业的指导，帮助孩子建立健康的情绪表达方式和社交技能，为他们未来的成长奠定坚实的基础。同时，我们也应警惕潜在的情绪行为问题，及时采取措施进行干预和治疗，确保孩子能够健康、快乐地成长。总之，学龄前期儿童的情绪与社交发展是一个复杂而细致的过程,需要家庭、学校以及专业机构三方面共同努力,形成合力。通过提供温暖的家庭环境、积极的学校支持以及专业的心理健康服务,我们可以帮助孩子建立起健康的情绪调节机制、良好的社交技巧,为他们的全面发展奠定坚实的基础,确保每个孩子都能在爱与理解中健康成长,自信地迎接未来的挑战。

(宋燕)

第7节 孩子也会"EMO"?关注孩子的情绪低落

案例故事📖

幼儿园中班,每当轮到美术手工课时,楚楚就很敏感害怕。又是一节美术课,今天要画的是心中的爸爸形象。孩子们都心情愉悦地展开宣纸准备画画,只有楚楚在无措地摆弄着蜡笔。老师走了过来轻声问:"楚楚,你心中的爸爸是什么样子的呀,咱们试着画出来吧"。楚楚拿起了蜡笔,小手不由自主地颤抖了起来。老师说:"好孩子,不要怕,试着画起来,慢慢地你就能画好了。"楚楚看了看老师,然后很小心地在宣纸上画了第一笔。老师说"楚楚真棒,加油。"作品展示时,同学们开心地交流,楚楚感觉自己画得很难看,她羞愧地低下了头,希望美术课快点结束。

其实,楚楚有很多优点:读书识字、算术拼音,甚至弹琴歌舞表现一直都受到老师的肯定。然而,美术课阴影带来的自卑感如影随形，使楚楚变得小心翼翼，老师不经意叫她一声，她都瞬间紧张，不敢回答，也不知所措。

对此，老师和楚楚妈妈多次沟通，希望家园共同努力，能够让楚楚变得自信。但是结果不尽如人意。于是，他们决定寻求帮助，把希望寄托在儿童心理医生孙医生身上。

案例解读 🔍

1. 楚楚为什么不愿意上美术课？

这样的案例并不少见。此类问题与孩子的成长背景、家长的养育方式和孩子能力、个性密切相关。

楚楚的问题在心理学上被称为"消极情绪"，网络上也称为"EMO"。其通常出现于 2 岁左右，是生长发育过程中的正常表现。消极情绪一般表现为生气、悲伤、害怕等。家庭环境中父母的忽视或过分关注，以及孩子本身个性敏感、好胜心强等因素，都可能导致孩子在遇到不顺心的事情或挫折时容易产生消极情绪。孩子的消极情绪需要老师和家长及时发现，并给予积极、正向的引导。如果未能及时干预，长久的消极情绪会让孩子变得焦虑敏感、胆小自卑。在日后的成长过程中，孩子在遇到大的挫折或变故时，很容易因缺乏足够的心理韧性而出现抑郁状态。

2. 什么是消极情绪呢？

消极情绪是指因客观事物不符合人的观点、需要或愿望时产生的内心体验，这种体验一定伴随有相应的行为表现。这种现象在儿童学龄前期非常普遍，随着心理发育日渐成熟，部分孩子会自己调整修复而变得内心强大。然而，对于像楚楚这样的孩子，消极、不自信的状态可能延续更久，甚至影响其日后的心理发育。

在楚楚的故事里，我们清晰看到了老师觉察到楚楚在上美术课时的害怕、不自信的消极情绪，并且已经延伸到了美术课堂外，对老师的不经意打招呼也会有紧张反应。楚楚父母接收到老师的反馈后，也尝试了一些方法——鼓励、陪伴、练习多接触人群。同时，在幼儿园里，老师也很用心创造机会，让楚楚在她擅长的歌舞课堂中站在队列前排，以提升她的自信，每次美术课上，只要有一点点小进步也都会鼓励她。然而后来老师的反馈依然让人担忧：楚楚胆子小，不自信，做很多事情都犹犹豫豫，喜欢坐在教室的角落里。这种状态让老师和楚楚父母都很有挫败感，孩子为什么始终走不出这种心理困境。实际上，消极情绪的产生可能并不是仅仅由一两件事引起的那么简单，与孩子所处的环境、孩子本身的能力和性格等都密不可分。因此，仅靠简单的说教或是表面的鼓励，并不一定能解决问题，孩子问题表象的背后，是更深层次的家庭问题和能力问题，需要去思考和转变。

应对策略

面对消极情绪，家长和教育者需要从多个方面着手，深度挖掘孩子问题深层次的原因并加以解决。这需要父母具备足够的认知，提供给孩子良好的家庭环境，再结合科学的方式，慢慢转变孩子的消极情绪状态。

1. 家庭应对策略

　　家庭对于孩子而言，就好比树木生长的土壤。只有土质改良了，小树苗才能吸收到需要的养分而茁壮成长。

　　❀创造和谐的家庭氛围：中华民族历史底蕴深厚，关于如何齐家也很有智慧，比如"夫妇和而后家道成""哀哀父母，生我劬劳""父不慈则子不孝"等都告诉我们维持家道和谐兴旺的方法。父亲、母亲应少指责、少抱怨，多包容、多退让，共同创造融洽和谐的家庭氛围。在积极的、正向的家庭环境中，长久的耳濡目染会让孩子的内心安稳，建立起最初的安全感。

　　❀重视品格培养：人无完人，孩子也有自己的优点和缺点。对于孩子身上的闪光点，父母要予以肯定，但不可笼统地说"你真棒！""你好厉害！"，而应陈述事件本身，比如："妈妈看到你分享玩具给同学玩了，你真是个友爱的好孩子""爸爸和我说，你昨天起床很快就穿好衣服了，真是个做事高效率的好孩子"。诸如此类的具体引导，方能潜移默化地影响孩子的品格。当然，孩子犯错时，也应给予及时纠正，引导树立正确的价值观。

　　❀明确优势和短板：每个人都有与生俱来的能力优势和短板。比如，有些孩子视觉记忆弱，一个字要拆解为好几个部分来记忆，这就导致孩子写字慢，而继发一系列问题。对于楚楚而言，她学习歌舞、读书认字、算数拼音都很轻松，这些都是她的先天能力优势，而美术是她的能力短板。我们应该让孩子明白并接受自己的不完美，尽量去扬长避短。

2. 学校应对策略

在幼儿园里，老师通过家校联合，帮助孩子转变紧张、不自信的状态，往往能驱散消极情绪，使孩子在园里感到安全、被接纳、被认可。

✤与家长的紧密沟通：老师与家长保持密切联系，了解孩子在家里的表现，并根据孩子的情况制订个性化的支持策略。例如，老师与楚楚妈妈一起探讨楚楚的美术短板和引发的不自信，楚楚妈妈了解了孩子课堂细节，找出闪光点，告诉楚楚："老师说，你今天英文讲得很好，看来多练习还是有用的""妈妈以前画图也总是画不好，还不敢动笔；听老师说，你都开始画花朵了，比妈妈厉害"……让孩子明白：父母和老师关注的并不只有结果，尝试的勇气、过程中的坚持和付出更值得人钦佩。

✤建立集体中的自信：老师可以通过多创造一些机会，让孩子们展示自己的长处，并给予鼓励和肯定。学龄前期的孩子表现欲望强烈，当自己独立完成一件事时，满满的成就感可以促进孩子建立自信。老师发现楚楚每次被点名要求范唱或领舞时，都流露出自信的表情，这让她逐渐打开心扉，融入集体。

✤互帮互助共同进步：针对孩子能力弱的环节，老师可以尝试强弱搭配，激发能力强的孩子帮助能力弱的孩子提升，并给予适时的肯定和鼓励。一方面培养能力强的孩子的爱心和责任心，另外，也让能力弱的孩子明白，大家是友爱的，每个人都有不足和长处。我的不足别人帮我，别人的不足我也可以帮助别人，不会做并不丢人。慢慢地，孩子们状态会越来越好。

3. 专业应对策略

在楚楚的案例中，最终起到关键作用的是专业的家庭心理支持。孙医生了解到楚楚的家庭中，孩子父母和祖父母的养育观念不同，经常爆发家庭矛盾而引起激烈的争吵，导致楚楚严重缺乏安全感。美术课紧张、不自信的消极情绪只是表现出来的冰山一角。

🍀家庭治疗的介入：孙医生通过与楚楚父母的沟通，帮助他们认识到家庭关系对孩子情绪的影响，帮助他们梳理并重建符合位序的、健康的家庭关系。通过一段时间的调整和转变，楚楚的父母彼此包容，尊重老人，孩子在这种氛围下，逐步建立了安全感，为后续的家校联合教养奠定了坚实的基础。

爱与成长的交响曲 🎼

和谐的家庭是滋养生命的根基

消极情绪在学龄前期儿童中并不少见，孩子表现出来的问题，除了表象外，更深层次的家庭甚至社会问题同样值得我们思考。家庭环境氛围转变，家校联合积极引导，能让孩子逐步拥有安全感，树立自信心和正确的价值观。

楚楚的故事不仅让我们看到了一个小女孩在成长中遇到的心理困境，更展现了家长、老师和医生从各自的角度，通过深度剖析，了解现象背后的深层原因并进行干预，共同努力以促进孩子身心健康发展。和谐的家庭关系对孩子将来的心性、品格和价值观影响最为深远。相对而言，能力的短板是比较容易弥补的。通过医生建议和家校联合努力，楚楚慢慢建立了安全感，提升了自信心，也接受了自己的不足，与小伙伴们融洽相处。

亲爱的父母和教育者们，面对孩子的消极情绪，不要害怕，不要退缩。了解孩子问题表象背后的深层次原因，给予最契合的引导与支持，你们将会见证他们一步步建立稳定而强大的内核，去勇敢面对生活中的种种困难和挫折。这不仅是孩子的成长，也是你们共同的成长，让我们一起，用中华文明的智慧，陪伴孩子走过这段旅程，迎接未来的挑战和美好。

（王海霞）

第8节　孤独：来自星星的孩子

案例故事 📖

3岁的琪琪日常由奶奶照顾。琪琪1岁时就会叫"爸爸""妈妈"了，甚至有时，古诗教一遍就能背出来，真是聪明又可爱。平时爸爸妈妈上班，奶奶腿脚不好，不常带琪琪下楼，偶尔下楼就用儿童推车。在家里，琪琪经常把自己的汽车玩具排成一排，然后很专注地变换角度看，或者一个人把纸巾撕成一条一条地玩，很开心。奶奶要做家务，看琪琪自己玩，觉得也挺好的。

今年9月，琪琪上幼儿园了，老师发现琪琪经常不听指令，课堂上要一个人跑去教室的玩具角，老师喊他名字，也不怎么搭理。课堂互动时，琪琪经常摆弄自己的手指，很紧张。课外活动时，琪琪很喜欢去校园游乐场玩海洋球、滑梯、攀爬……轮到别的班级玩时，琪琪还哭闹着不想跟老师回去。

老师和琪琪父母沟通，讲述了琪琪在幼儿园的表现，老师说，她们也尝试着让别的小朋友课间带着琪琪一起玩耍和游戏。然而，琪琪始终没有融入集体，好像只沉浸在自己的世界里。琪琪父母得知孩子在幼儿园的情况，很担心也很困惑。于是，他们决定寻求帮助，来到了儿童心理科请陈医生看诊。

案例解读 🔍

1. 琪琪为什么总是喜欢自己玩耍？

像琪琪这种表现的学龄前孩子不少，家长和老师也很困惑。琪琪的表现属于孤独症样行为。存在孤独症样行为的孩子通常能力发展不平衡。比如，记忆、运动、视觉观察等能力偏强，但语言表达、指令执行、社会交往等能力偏弱。趋利避害是人的天性，孩子亦如此，他们会主动发展自己擅长的能力，以获取外界的肯定，满足自己的自尊需求。长久下去，孩子的能力发展会更加不平衡，并引发后续的生活、学习、社交问题，而家长和老师往往对此束手无策。

2. 什么是孤独症样行为？

这个概念来源于孤独症谱系障碍，是一组以重复刻板行为和社交障碍为核心症状的症状群，不仅存在于临床群体，其部分症状在正常儿童中也普遍存在，被称为孤独症样行为。有此类行为状态的孩子，一般不会随着年龄增长而逐渐转好，需要尽早干预和纠正。从神经发育的角度而言，往往是用进废退。琪琪1岁多之前神经发育是正常的，后来因为接触外界机会较少，探索体验不足，相应的大脑神经纤维缺少刺激。如不及时干预，6岁以后这些神经元将被裁剪，康复难度加大，会带给孩子、家庭和社会沉重压力和负担。

在琪琪的故事里，我们看到，在琪琪进入幼儿园之前，家长对于他的异常表现缺少足够的认知，没能发现孩子身上的问题。幸好，进入幼儿园后，老师及时发现琪琪的问题，并与家长沟通。尽管老师想方设法让别的小朋友带着琪琪玩耍，但是收效甚微。琪琪父母非常焦虑，在家时尽量带琪琪去孩子多的地方，但是琪琪依然自顾自地玩耍。这种使不上力的挫败感，让琪琪父母和老师都非常担心，他们不知道如何才能真正帮助孩子，从这种沉浸自我的状态中走出来。实际上，孤独症样行为的种种外在表现，所折射的是孩子内心深处对未知事物的害怕和缺乏面对勇气的无助。因此，仅靠简单的形式上的关爱和鼓励，往往难以解决问题。孩子需要的是契合的、能够从根本上解决症结的方法。

应对策略

面对孤独症样行为，需要家长和老师共同配合，给予孩子正确的指引。这种引导不仅需要情感上的耐心和关爱，还需要有效的策略。

1. 家庭应对策略

家庭是孩子的避风港，也是他们情感的根基。对于像琪琪这样有孤独症样行为的孩子，家庭中的支持至关重要。

❀打开孩子的心扉：婴幼儿早期的感官功能十分敏感，过量外界不良刺激可能会引发恐惧和过度情感反应。曾经有位孤独症样行为的 3 岁孩子康复以后，亲口说出，奶奶家床单上的某个图案很吓人，而孩子是 1 岁多去奶奶家的，可见不良记忆对孩子的影响有多大！恐惧的体验可能会导致孩子胆小、缺乏勇气，进而封闭自我，产生一系列孤独症样行为。如果条件允许，最好能够找出"元凶"，而后脱敏。如果找不到，可以尝试带孩子多体验新鲜的人、事和环境，逐步打开孩子的心扉。也可以进行中医调理、小儿太极推拿和黄帝内针，都可取得不错的效果。

❀严慈相济的教养："严"是指同年龄段的孩子能够自理的日常事务，如穿衣、如厕、进食等，要训练孩子自己完成。日常行为规则需要严格执行，比如：一日三餐和大人同步在餐桌上完成，不喂饭、不开小灶；出门自己走路，大人不抱；犯错时，当罚则罚等。"慈"是指对于孩子从未做过的事情，应当视情况给孩子充分体验和试错的机会，培养孩子敢于尝试、勇于探索的能力和自信心，比如：扫地、擦桌子、垃圾分类、去小卖部买东西等。需要注意的是，当孩子犯错给予惩罚后，不可事后立即给予安慰，这样会削减惩罚效果。

❀延长需求等待时间：延迟等待可以磨炼孩子的心性，纠正孩子的任性脾气，培养孩子的耐心和意志力。当孩子对某件物品或玩具迫切想拥有时,或孩子非常急切地想做一些事情时,家长要沉住气,让孩子明确地表达自己的需求;如果孩子无法准确述说,可以清晰地告诉他怎么表达,让他复述,而后告诉孩子需要等待一会儿。不可因为孩子哭闹、发脾气,就立刻予以满足,尽量避免养成孩子耍赖习惯。

2. 学校应对策略

在幼儿园里,老师承担着非常重要的引领和教养工作。幼儿园阶段应该是孩子们逐步建立规则意识、将个体融入集体的关键期。

❀营造包容的集体氛围:老师可以通过班级分组,将有孤独症样行为的孩子与能力强的孩子结对,让能力强的孩子在集体生活中给予其监督和提醒,共同遵守班级的规章制度,并帮助其树立集体规则意识,同时也培养孩子们的爱心、包容心和责任感。琪琪在友爱包容的集体环境氛围中,从和一位同学打交道,过渡到和其他同学建立友谊,闭塞的心也会逐步打开。

❀与家长的紧密沟通:老师需要与家长保持密切联系,了解孩子在家中的表现,以及家长对于孩子不规范或非正常行为的态度,家校联合,给予孩子最合适的引导和管理。例如,老师和琪琪妈妈探讨琪琪的情况,琪琪妈妈请老师帮忙严格管教琪琪,不因为琪琪能力较弱就放松对琪琪规则意识的培养,要一视同仁。而对于能力方面的要求可以相对宽松,给孩子需要的成长空间。这种家庭与学校的联合教养,能够最大限度地帮助孩子。

✤创造孩子表现的机会：有孤独症样行为的孩子，往往内心潜藏着更强烈的被认可的需求，他们渴望得到外界的关注和肯定，会因为做不好或做错事情而难过、自卑，可能会委屈得流泪、哭泣，也可能会发脾气。老师了解了孩子的优势能力，可以创造机会让他在班级里展示，提升孩子自信心的同时也培养孩子的勇气和胆量，进而鼓励其对外界进行探索，孩子沉浸自我的状态会逐渐转变。

3. 专业应对策略

在琪琪的案例中，心理医生的家庭教养指导非常重要。陈医生深入浅出地讲解了孩子孤独症样行为，通过家校联合严格教养和饮食调整以促进其康复的方式。琪琪父母非常认可，也按照陈医生的建议执行。

✤家校严格教养：陈医生指出，每个人都想待在自己的舒适区，孩子也一样，做习惯做的事情。对于琪琪这样的孩子，他所不擅长的或陌生的，于同龄孩子是正常的言语或行为，他会自然地躲避、抗拒。但是，对人类而言，大脑中经常不使用、不活跃的神经，在 6 岁后会逐渐减少，琪琪已经 3 岁了，言语、行为和社交能力已有明显倒退，这些功能区域的神经需要加强刺激。因此，家长和老师需要鼓励并引导孩子去尝试完成这个年龄段孩子可以做的事情，切不可因为孩子能力不足而一味地迁就。孩子在探索外界的过程中，这些神经会随着体验刺激而活跃，随之孩子相应的能力就会逐渐恢复。

✤饮食有节制："三分饥寒保平安"，这是古人流传至今的养生方法。如今社会物质丰富，很少有饥和寒的时候，相反，人们常常因为吃得太多而出现问题。孤独症样行为的孩子大多数比较挑食，家长为了让孩子补充足够的营养，往往对于孩子喜欢的饭菜不予节制。另外，孤独症样行为的孩子，因为兴趣比较狭窄，很少有体验能让他们非常快乐，而进食就是一种很容易获取的快乐体验，进食能够促进多巴胺分泌，让孩子感到很快乐。然而，过量进食并非好事。它很容易使人产生惰性，变得不思进取，这对孩子来说，也很难调动他们的主观能动性，进而与"鼓励孩子体验和探索"这一重要的教养理念背道而驰。

🍀避免摄入致敏食物：根据脑—肠轴理论，摄入致敏的食物可能影响大脑神经的发育，而出现神经精神疾病症状，如孤独症样行为等表现。一般而言，孤独症样行为的孩子对蛋、奶、面过敏比较常见，琪琪就是如此。如果条件允许，建议全面排查孩子的过敏原，避免摄入致敏食物。

爱与成长的交响曲 🎼

耐心陪伴是最温暖的守护

学龄前的孩子里，孤独症样行为的检出率逐年上升。往往家长和老师看到孩子沉浸自我、在环境中表现出不得体的状态时，孩子的身心不和谐已经较长时间了。当孩子因为恐惧或其他原因开始封闭自我时，一般眼神对视会减少，对身边人的回应也会减少。所以，在孩子发育过程中，一旦出现这些情形，家长要重视，及时就医，同时调整教养方法。

通过琪琪的故事，我们了解了孤独症样行为孩子的成长和教养历程，也发现了这类孩子可能在教养中存在的问题和不足。在医生的指导和家长、老师共同努力下，琪琪的康复效果明显，整体活泼、自信了很多。尽管能力方面与同龄孩子相比尚有不小的差距，但是比起他之前已经进步很多：遵守课堂纪律，参与集体活动，也有了规则意识，而个别能力，如拼图已达到6岁孩子的水平。尽管康复过程不易，但琪琪父母、老师和同学一直不离不弃，给予最耐心的陪伴和最悉心的教导。

亲爱的家长和老师们，面对孩子的孤独症样行为，不要害怕，不要退缩。及时就医，用科学的干预方法引导孩子打开心扉，建立与世间万物的连接，汲取成长的养分。让我们一起用爱心和耐心，陪伴孩子们走过这段旅程，迎接美好的明天。

（王海霞）

第9节　育幼之道：挫折教育是关键

案例故事

形形今年3岁，上幼儿园小班，她性格外向活泼。周末，爸爸妈妈带着形形和4岁的表姐去沙滩游玩，有很多小朋友在挖沙。妈妈让形形和表姐也去玩。不一会儿，形形就和两个陌生的小姐姐在一起，用着人家的铲子在挖沙玩水。表姐独自一个人在自娱自乐地摆弄水里的沙子。突然，形形跑过来说气呼呼地说："妈妈，我不想跟她们玩了，我不喜欢她们。"原来是一个小姐姐说形形挖的小溪不好，彤彤生气了。妈妈只好安慰她。另一边，两个小姐姐看到旁边的表姐玩得很开心，也凑上去一起玩，彤彤被气哭了……

幼儿园里玩积木时，有个淘气的男孩子抢先拿了彤彤喜欢的颜色和形状，彤彤很生气，上前去抢，不小心把男孩子推倒了。老师问彤彤，为什么要推别人？彤彤又生气又委屈，眼泪止不住地流了下来。放学回到家里，彤彤对妈妈说："老师欺负我，幼儿园小朋友也很讨厌，我不想上学了。"晚上，老师主动和彤彤妈妈沟通了白天的事情，妈妈劝彤彤不要生气，说老师没有欺负她，小朋友也只是因为想和她玩，并没有恶意。

类似的情况经常发生在彤彤身上，老师和家长每次都要花时间和精力去安抚她的情绪，爸爸妈妈觉得彤彤这样玻璃心是不是不正常？人生路才刚刚开始，以后怎么办？于是，带着满心的困惑，他们来到了儿童心理医生程医生的诊室。

案例解读🔍

1. 彤彤为什么总爱哭？

类似彤彤的情况在很多孩子身上都会发生，也困扰着家长和老师。

如今社会，物质丰富。彤彤父母和绝大多数家长一样，为孩子成长创造了很好的环境，孩子的身心需求很少不能得到满足，就像长在温室的植物，一直被精心呵护。彤彤进入幼儿园以后，当发现老师们不再以自己为中心，而是将"你"变成"你们"，甚至"他们"时，当其他孩子表现好受到表扬时，当自己犯错被老师批评时，孩子的内心会感受到明显的失落，这些都是正常的反应。集体生活中的小挫折，会慢慢磨炼孩子的心胜，是孩子成长不可或缺的养分。在这个过程中，家长一定要给予适时的、正向的引导。如果家庭教化未跟上，甚至无原则地宠溺孩子，很可能会让孩子养成以自我为中心的性格，无法接受别人的不认可，也不能忍受委屈。就像彤彤的玻璃心，她需要的是挫折教育。

2. 什么是挫折教育呢?

挫折是指个体需要的满足受到限制或阻断而引发的一种消极心理状态，即俗称的"碰钉子"。一位儿童心理专家说过：有十分幸福童年的人，常有不幸的成年。像彤彤这样的孩子，如果在成长过程中很少遭受挫折和失败的洗礼，长大后往往会难以适应复杂多变的社会。所以，从童年起，就应当对孩子进行挫折教育。尽管道理易懂，但是做起来并不轻松。很多父母觉得孩子在外面已经很受挫折了，家里需要给予孩子足够的爱来平衡。殊不知，家庭的挫折教育才是孩子更重要的启蒙需求。

在彤彤的故事里，我们看到了父母和老师在彤彤屡次受到挫折后表现出敏感、脆弱时，都能及时给予安抚。在家里，彤彤妈给孩子讲道理——小朋友不和你玩没关系，自己玩也可以的；老师没有批评你，只是在问你问题，你回答就好了；犯错不可怕，我们改了还是好孩子……在幼儿园里，因为彤彤爱哭，老师们会特别关注她的情绪，当别的孩子和彤彤发生冲突时，老师会先询问别的孩子。家校都如此小心翼翼，但彤彤的抗挫能力未能随着年龄的增长而得到提升。这让彤彤父母和老师在倍感无助的同时，产生了深深的担忧，他们不知道如何真正帮助孩子从这样的困境中走出来。事实上，孩子的玻璃心是无法通过讲道理来治愈的，避免发生冲突并不是解决问题的方法。家长和老师应该从根源上入手，让孩子在失败和挫折中，磨炼心性，逐步变得勇敢、坚强、宽容。当然，这需要首先从家庭开始。

应对策略

面对孩子敏感、脆弱的玻璃心，家长和老师需要齐心协力，给予孩子有效的、能够激发孩子产生正能量的言语、行为和情绪反馈。这不仅需要家校保持理性的、一致的目标，还需要适时的、科学的挫折教育。

1. 家庭应对策略

家庭对孩子个性、脾气和气质的形成具有最直接的影响。对于像彤彤这样玻璃心的孩子，家庭的教化和氛围熏陶极其重要。

❀肯定与鼓励的策略：害怕失败是人的天性，孩子亦如此。当孩子因害怕失败而不敢尝试时，家长不能只是简单地说："宝贝加油！你可以的！"而应该换一种方式，从更契合孩子心理需求的角度出发，比如，可以鼓励孩子说："妈妈小时候也不敢，还哭了，你比妈妈勇敢多了，都没有哭……"孩子接收到这样的信号，至少不会因为害怕失败丢了面子而有心理负担，甚至反而会勇敢尝试。

🍀引导孩子正确对待挫折：孩子在原生家庭中建立的对待挫折的态度可能会伴随孩子一生，父母必须慎重对待。面对困难心生胆怯是正常反应，家长需要引导孩子面对困难，并想办法尝试解决困难。比如，孩子因为小朋友不和她玩而烦恼时，家长可以引导孩子主动分享心爱的玩具或食物给对方。当孩子体验受挫进而努力奋起的心理过程后，心中就种下了勇敢的种子，也建立了自信心。

🍀适当给孩子施压：父母可以尝试让孩子承担一些生活中的压力，让孩子适应挫折，并尝试自己想办法解决问题。如果孩子觉得压力太大，父母可以帮助孩子进行心理疏导，但不能够大包大揽，让孩子觉得压力与自己无关。比如，在某个上学日的早晨，妈妈假装睡着了，躺在床上耐心地等待孩子自己起床，当孩子起床并叫醒妈妈后，妈妈故意责怪孩子：为什么不早点叫醒妈妈，导致上学迟到了。同时对孩子提出要求：以后每天一定要早点叫醒妈妈。还可以在周末，妈妈假装生病了，安排孩子做清洁打扫工作，让孩子明白每个人都有责任和压力，都需要想办法解决。

🍀适当批评必不可少：孩子不喜欢被批评，叛逆期的孩子因父母或老师的批评而走向极端的案例不在少数。父母在孩子小的时候，应该抓紧孩子犯错时机进行批评，纠正不良行为的同时也磨炼其心性。日常生活中，父母可以通过互相之间的批评与自我批评言传身教让孩子明白，每个人都有缺点，被批评很正常，而且别人指出了我们的问题，我们及时改正了，还能避免酿成大错。孩子只有对批评建立了正确的认知，以后才能更好地面对和承受。

2. 学校应对策略

在幼儿园里，老师扮演着帮助孩子们在集体环境中体验"小社会"的各种挫折，并引导孩子想办法解决困难的重要角色。而孩子们能够体验到克服困难过程的心理历程。

🍀营造挫折体验的环境：老师可以经常组织需要组员互相配合的比赛游戏，让孩子们体验成功的快乐和失败的失落，同时让孩子在互相合作、共同抗敌的过程中磨炼心性。例如，在幼儿园里，彤彤所在的班级举行以小组为单位的拍球比赛。在老师的鼓励下，小朋友们为了小组荣誉，无论是在家里，还是在学校里，每天都坚持刻苦练习，但比赛时，彤彤所在的小组因为某个小朋友的失误，导致原本处于领先位置的团队分数落后，比赛输了。该组的小朋友们都很沮丧，纷纷埋怨那个失误的小朋友。那个被埋怨的小朋友也很内疚。老师总结时，表扬了所有小朋友对比赛的辛苦付出，引导大家接受"不完美"的结果，鼓励大家继续努力。老师可以通过类似的活动来锻炼孩子的抗挫能力。

🍀家校紧密沟通：老师与家长保持密切联系，互相信任、理解和支持。孩子在学校里与同学发生矛盾很正常，被老师批评纠正错误也很正常。老师将孩子在幼儿园遇到的一些不顺心的事情告诉家长，家长可以根据老师的处理方法延续家庭的挫折教育。例如，彤彤在幼儿园推小朋友，被老师批评了，彤彤回家对妈妈说"老师骂我"。彤彤妈妈问彤彤，如果被推的小朋友是你，老师批评那个推你的孩子，你觉得老师做得对吗？如果老师不管，万一下次擦伤骨折了，怎么处理？引导孩子自己思考，催熟孩子的心智。

🍀考虑孩子和家庭的特点：每个孩子都有自己的个性，老师要根据孩子的性格施教：外向型可直言不讳，内向型需旁敲侧击，抑郁型则要应用策略。此外，很多孩子缺乏抗挫能力与宠溺的家庭教养方式密不可分。老师应尝试与家长沟通，帮助家长转变认知，并取得家庭配合，共同培养孩子体验不完美、接受不足的能力和积极进取的品质。

3. 专业应对策略

在彤彤的案例中，最终起到关键作用的是家庭心理干预。程医生通过一系列的家庭教养知识科普和案例分析，转变了彤彤父母的认知，放手让彤彤体验生活的不完美，磨炼她的心性，慢慢地彤彤变得自信，不再玻璃心了。

🍀家庭治疗：挫折认知是挫折教育的关键。程医生让彤彤父母思考平时的生活中彤彤的具体行为表现和家长给予的回应，指出彤彤父母在教养孩子过程中存在的问题，并引导他们思考潜在的危害，帮助他们建立"孩子的挫折教育从家庭开始"的思维方式。这种认知调整帮助彤彤父母重新审视自己的教育方式，学会从更长远的角度考虑问题。

挫折教育是孩子的成长洗礼

挫折教育是儿童成长过程中父母必须要正视的事情，它既是孩子心理得以成长的重要经历，又是一种体验。在这个过程中，家长和老师要在理解体谅的基础上，耐心引导孩子说出自己的感受，帮助孩子分析原因并找出解决问题的办法。同时要让孩子认识到，人生中许多事情未必都如己愿，关键在于如何正确认识和对待。

彤彤的故事不仅让我们看到了一个孩子的成长历程，更展现了家长、老师和医生如何通过各自的角色给予帮助、教育和指导，磨炼了孩子的心性，提升了孩子的抗挫能力。每一次打击，每一滴眼泪，都是孩子坚强和成熟的助力。

亲爱的父母和老师们，面对孩子的"玻璃心"，不要害怕，更不要逃避。理解孩子的成长需求，给予他们坚定的支持和契合个性的引导教育，你们将见证他们一步步走向自信和豁达。这不仅是孩子的成长，也是你们共同的成长。让我们一起，将目光放长远，陪伴孩子们走过这段荆棘路，迎接未来无限的可能。

（王海霞）

学龄期是儿童情绪发育的关键时期，他们逐渐学会应对来自家庭、学校和同伴的多重挑战。儿童的情绪发展围绕着"能力感"的建立，他们通过解决问题和克服困难来增强自信。

首先，儿童在这一阶段逐渐掌握了更复杂的情绪调节策略，他们不仅能够更加准确地识别和表达自己的情绪，还能开始理解他人的情感反应。这一时期的儿童情绪控制能力增强，能更好地应对压力、挫折以及日常生活中的挑战。此外，情绪自主性逐渐形成，儿童不再完全依赖外界帮助来调节情绪，而是开始发展出自我调节的能力。

其次，学龄期儿童的自尊心和自我概念也在逐步形成。他们对自己能力的认知逐渐明确，并渴望通过学业、活动或社会交往获得认可和成就感。如果在这一过程中，儿童获得积极的反馈，他们的能力感和自信心会显著提升。然而，如果频繁遭遇失败或负面评价，可能会导致自卑感和情绪问题。

此外，学龄期儿童逐渐表现出更多的同理心，他们开始理解和关心他人的感受，情绪发展不再仅仅局限于自身。这种同理心的提升有助于他们在同伴交往中建立更稳固的友谊，同时也为情绪健康的进一步发展奠定基础。

总体而言，学龄期儿童的情绪发展是逐渐趋于成熟的过程，关键在于他们如何在家庭、学校和社会环境中，通过应对挑战建立积极的情绪调节能力和自我认同。

（项李娜）

第1节　友谊万岁：建立健康的社交圈

案例故事 📖

在一个小学四年级教室里，一群孩子正经历着他们成长中的重要阶段——固定自己的社交群体。轩轩、小杰、阿凯和小雅是形影不离的好朋友，每一天都充满了欢声笑语。

小伙伴们有自己的"群规"，每次见面都会兴奋地喊出那句属于他们的口号："我们是无敌四人组！"大家对事物的看法往往相同，喜欢的游戏和谈论的话题也总是那么契合。然而，当班级里出现了一些不良风气，如上课看漫画、私下嘲讽老师时，轩轩发现，好朋友小杰和阿凯开始模仿这些行为。他知道，这些行为是不对的，不仅会影响学习，还会伤害老师和其他同学的感情。但每当他想要开口制止时，又害怕自己会成为群体中的"异类"，遭到排挤和孤立，这种矛盾和挣扎让轩轩感到痛苦。

然而，随着时间的推移，轩轩内心的声音越来越强烈。他开始意识到，真正的友谊不是盲目跟从，而是相互支持、共同成长。如果为了迎合别人而放弃自己的原则，那么这份友谊也就失去了它的意义。轩轩勇敢提出了自己的看法。起初，有些小伙伴不理解，甚至嘲笑他"太正经"。但轩轩没有放弃，他的坚持逐渐得到了回应。小杰开始意识到，盲目模仿并不是真正的友谊；阿凯也发现，尊重老师和同学才是真正的勇敢；小雅更是被轩轩的真诚所打动，决定和大家一起维护这份纯真的友谊。

最终，轩轩和朋友们没有盲从不良风气，而是选择了坚守自己的道德底线，不仅赢得了老师的赞扬，也让班级的氛围变得更加积极向上。真正的友谊不是盲目跟从，而是相互支持、共同成长。在这个过程中，他也学会了如何处理社交问题，变成了更加成熟、自信的孩子。

案例解读 🔍

1. 学龄期儿童社交发展有何特点？

学龄期儿童的社交发展呈现出鲜明的阶段性特征。在6~9岁学龄阶段，孩子们面临着新环境和学校秩序的挑战，那些社交能力较强的孩子能迅速适应这些变化。他们开始在家庭以外的社会环境中探索，寻求并建立属于自己的归属感。这一时期，孩子的社交关系处于动态变化之中，玩伴和小群体的成员经常更换，这种多样性为他们提供了通过结交不同朋友来构建自我认知和评价的机会。

当孩子步入9~11岁的年龄段时，他们的社交关系开始趋于稳定。此时，友谊的基石不再仅仅是快乐的玩耍，更多了一份相互的支持与关心，以及在相处过程中的付出与回报。孩子们形成了固定的社交群体，这些群体为他们带来了更强烈的归属感，同时，这些朋友也对他们的行为和观念产生了越来越深远的影响。

2. 轩轩和他的朋友们面临的社交问题是什么？

　　轩轩面临的是群体压力与个体原则之间的冲突。他意识到朋友们模仿的不良风气是错误的，但又不愿意因此失去友谊或被孤立。这种矛盾反映了儿童在社交过程中如何平衡群体归属感和个人价值观的挑战。轩轩在表达反对意见时感到害怕和挣扎，这体现了儿童在面对社交挑战时可能产生的恐惧心理。然而，他最终选择勇敢站出来，这不仅是个人勇气的体现，也是社交能力的一次重要成长。

　　轩轩的朋友们起初对他的反对意见表示排斥和不解，这反映了儿童在社交过程中存在的从众心理和自我保护机制，他们担心轩轩的行为会破坏群体的和谐氛围或使自己受到牵连。

　　随着时间的推移，轩轩的朋友们开始反思自己的行为，并意识到真正友谊的意义。他们学会了尊重他人的意见和选择，不再盲目跟从不良风气。这种转变体现了儿童在社交过程中通过反思和学习实现自我成长的能力。

应对策略

　　当孩子逐渐成长，坚定的支持与明智引导，便如同指引航向的明灯，为孩子保驾护航，确保其稳健前行。

1. 家庭应对策略

🍀理解孩子的"不在乎"心理：进入小学后，孩子一旦发现自己某方面不如人，便容易陷入自我否定，为维护自尊心，他们可能会假装毫不在乎。如果家长非但没有给予安慰，反而讽刺和责备他们不够努力，这种做法就会削弱孩子的自我价值感，使他们觉得自己一无是处。理解孩子的"不在乎"心理至关重要，因为不当的方式会使他们深陷自我否定的泥潭，觉得自己一无是处，从而阻碍其健康成长与发展。

🍀培养个人价值感：父母是孩子认识自我的第一面镜子，孩子会根据父母的眼神和语气来判断自己的价值，这种自我评价对孩子的性格发展有着深远的影响。父母不仅要关注孩子的每一点进步，培养他们的自我效能感，还要在孩子受挫时，给予他们坚定的支持和信任，让他们坚信自己的生命是有价值的。

🍀引导正确的价值观：家长需以身作则，展现诚信、尊重、勤奋等正面品质。通过分担家务、参与社区活动，培养孩子的责任感和公民意识。强调道德规范，教育孩子尊重他人、诚实守信。鼓励孩子关注他人感受，培养同理心和宽容心。同时，让孩子参与社会实践，了解社会，增强正义感。建立信任和尊重的关系，鼓励孩子表达意见，培养批判思维。

🍀密切关注孩子的社交网络：家长需细心观察孩子的社交活动、朋友圈，与孩子建立稳固的沟通桥梁，定期交流并鼓励孩子分享社交体验。通过倾听与理解，家长可及时洞察孩子可能遭遇的社交难题，如焦虑或人际冲突，从而给予适时的支持与引导。

2. 学校应对策略

学校应该为学生营造一个健康、和谐的环境，确保学生们在汲取学术知识的同时，也能够习得必要的社交技能，形成良好的人际关系，为未来的发展奠定基础。

❀加强品德教育：学校应将品德教育融入日常教学中，通过主题班会、道德故事分享、角色扮演等方式，引导学生树立正确的价值观，明确是非观念，增强道德判断力。

❀开展社交技能培训：组织专门的社交技能工作坊或课程，教授学生如何有效沟通、解决冲突、拒绝不良诱惑以及在群体中保持个人立场等技巧。通过模拟情境练习，帮助学生学会在保持个性的同时，也能融入集体，处理好人际关系。

❀加强师生互动：教师应成为学生的良师益友，定期与学生进行一对一交流，了解他们的想法和困扰，提供个性化的指导和支持。通过教师的言传身教，传递正确的社交观念和行为模式。

3. 专业应对策略

通过有效的专业应对策略，旨在构建一个全方位、多维度的社交教育体系，助力学生在适应的社交环境中茁壮成长。

❀开展心理健康教育：设立心理咨询室，配备专业心理辅导老师，为学生提供心理健康教育和咨询服务。通过讲座、小组讨论等形式，帮助学生认识和管理自己的情绪，增强自我调适能力，面对社交压力时能采取积极的应对策略。

❀提供深层次的个性化心理支持：心理咨询师能够帮助学

生识别并处理社交焦虑、自卑等负面情绪，进而提升自我认知和自信心。同时，传授学生实用的沟通技巧和冲突解决策略，使其在面临复杂社交环境时能够游刃有余。

孩子社交成长中的爱与智慧引导

在这个故事里，轩轩和他的朋友们经历了从盲目跟从到坚守原则的蜕变。面对班级里的不良风气，轩轩内心经历了剧烈的挣扎，他既不想失去珍贵的友谊，又深知盲从的错误。在勇气与坚持的驱使下，他选择了站出来，用真诚和坚定打动了朋友们，共同抵御了不良诱惑，守护了纯真的友谊和健康的成长环境。这一过程不仅是轩轩个人勇气的展现，更是对学龄期儿童社交发展的深刻诠释——在探索与建立归属感的同时，学会坚守原则，相互支持，共同成长。家长、学校和专业的引导如同温暖的光芒，能照亮孩子们前行的道路，让他们在爱与理解中学会了如何处理社交问题，变得更加成熟自信。这段经历，如同一首温馨的旋律，回荡在孩子们的成长记忆中，激励着他们勇敢地面对未来的每一次挑战。

（朱晓洁）

第 2 节　逆境成长：积极面对挑战与挫折

小叶，一个自幼便展现出超凡智慧与学习热情的孩子，从小到大都是学校里的优等生。他的书桌上摆满了各式各样的奖状和奖杯，每一次考试对他来说都仿佛游刃有余的游戏。在同学们羡慕的目光中，小叶一步步成为班级里无可争议的佼佼者，他的名字几乎成了"优秀"的代名词。

然而，生活总是充满了不可预知的挑战。在一次筹备已久、备受瞩目的数学竞赛中，小叶遭遇了前所未有的挫折。关键时刻，紧张的情绪像一张无形的网，紧紧包裹住了他。原本熟悉的题目变得陌生，思路仿佛被冻结，一连串的失误让小叶措手不及。最终，公布的成绩远低于他平时的水平，一落千丈的成绩，如同一记重锤，狠狠地敲击在他的心上。

这次失败对小叶来说，无疑是一个巨大的打击。他从一个活泼开朗、自信满满的孩子，变得沉默寡言，眼神中失去了往日的光芒，开始回避与同学之间的交流。他变得更加敏感，对周围人的评价格外在意，生怕再次遭遇失败，被人看轻。每当夜深人静，小叶总会躺在床上，反复回想着竞赛中的每一个细节，自责与挫败感如影随形，他甚至开始怀疑自己的能力，质疑自己一直以来的努力是否真的有意义。

案例解读 🔍

1. 小叶遇到了什么问题？

小叶一直是班级里的佼佼者，这让他在学习上建立了强烈的自信心。然而，数学竞赛的失败严重打击了他的自信，使他开始怀疑自己的能力和价值。这种自信心的丧失是常见的挫折后反应，尤其对于一直表现优异的学生来说，他们可能更难以接受失败。随之而来的，是小叶性格上的明显变化。曾经那个活泼开朗、乐于分享的他，如今变得沉默寡言，甚至开始回避与同学之间的交流。他变得更加敏感，对周围人的评价格外在意，生怕再次遭遇失败，被人看轻。这种内向的转变，其实是他内心挣扎的外在表现，是他试图用沉默来掩饰自己的不安与无助。

面对小叶这样的状态，我们必须认识到，这不仅是他个人的挑战，也是成长道路上一个必经的考验。挫折后的情绪反应，如内疚、失望、挫败感等，虽属正常，但若不加以适当的关注和引导，很可能演变成长期的心理压抑，影响他的健康发展。因此，家长、老师以及朋友们需要给予小叶更多的理解、鼓励和支持，帮助他重新找回自信，学会正视失败，从挫折中吸取教训，以更加坚韧的心态继续前行。只有这样，小叶才能重新焕发光彩，继续在学习的道路上勇往直前。

2. 挫折教育为什么那么重要？

挫折教育的重要性不容忽视，它在孩子的成长过程中扮演着至关重要的角色。挫折教育不仅有助于培养孩子坚韧不拔的品质，还能提高他们的社会适应能力。社会竞争日益激烈，人们需要不断面对各种变化和挑战。如果孩子没有经历过挫折，就很难适应这种快速变化的环境。而通过挫折教育，孩子可以学会如何在逆境中保持冷静和乐观，如何寻找解决问题的方法和途径，从而更好地适应社会的发展和变化。

因此，家长和教育者应该重视挫折教育，为孩子提供适当的挑战和困难，让他们在实践中学会如何面对和处理挫折。同时，也要给予孩子足够的支持和鼓励，让他们在挫折中不断成长和进步。

应对策略

在孩子面对挫折时，应从情感、科学和策略等多个维度出发，为孩子提供全面的支持。不仅能够帮助他们更好应对当前的困境，还能在他们的成长道路上播下坚韧和智慧的种子。

1.家庭应对策略

家庭不仅是孩子情感的避风港，还是引导他们正确看待挫折、勇敢面对挑战、培养抗挫能力的坚强后盾。

🍀给予关爱与支持：要让孩子感受到家的温暖。在日常生活中，多关注孩子的情感需求，耐心倾听他们的诉说，理解他们的感受。当孩子遇到困难时，用鼓励的话语和温暖的拥抱来支持他们，让他们知道家永远是他们最坚强的后盾。

🍀引导正确看待挫折：告诉孩子，挫折是每个人成长过程中的必经之路。我们可以从挫折中学到很多东西，变得更加坚强和成熟。与孩子分享自己曾经的挫折经历，以及如何克服困难的故事，激发他们的斗志和勇气。同时，引导孩子分析失败的原因，并尝试找出改进的方法。

🍀培养抗挫能力：在日常生活中，家长可以让孩子参与一些具有挑战性的活动，如户外探险、手工制作等。这些活动不仅能锻炼孩子的动手能力，还能培养他们在面对困难时解决问题的能力。此外，教会孩子如何调节情绪也非常重要。当他们遇到挫折时，可以尝试通过运动、听音乐、阅读等方式来转移注意力，缓解负面情绪。

2. 学校应对策略

学校老师的重要目标是让孩子们在交流中学会相互扶持，在挫折中学会坚持，在失败中汲取力量。

🍀营造积极向上的学习氛围：学校应努力营造一个积极向上的学习氛围，鼓励孩子们勇于尝试和创新。老师们可以在课堂上引导孩子们进行小组讨论和合作学习，让他们在轻松愉快的交流中学会互相尊重和鼓励。这样，孩子们在面对挫折时，会更容易得到同伴的支持和帮助。

🍀关注个体差异和情感需求：每个孩子都是独一无二的，他们的性格、兴趣和能力都有所不同。因此，老师们需要关注每个孩子的个体差异和情感需求，给予他们个性化的关怀和支持。当孩子遇到挫折时，老师要及时与他们沟通，了解他们的想法和感受，帮助他们建立正确的自我认知。对于性格内向或自信心不足的孩子，老师可以多给予鼓励和肯定，提升他们的自信心；而对于过于自信或骄傲自满的孩子，老师则要引导他们学会谦虚和反思，以更好地面对未来的挑战。

🍀丰富多样的课外活动：学校可以通过开展丰富多样的课外活动来帮助孩子培养抗挫能力。例如，组织体育比赛、文艺演出等活动，让孩子们在参与过程中体验成功与失败，学会如何面对挫折和困难。这些活动不仅能锻炼孩子们的团队协作能力，还能让他们在实践中学会如何调整心态、克服困难。定期进行心理健康教育讲座，为孩子们提供心理支持和指导，帮助他们更好地应对生活中的挫折和挑战。

3. 专业应对策略

学龄期孩子常面对的挫折可能包括学业压力、家庭变动等，当孩子出现严重的情绪问题或行为障碍，我们可能需要寻求心理医生或咨询师的帮助。以下的建议帮助您引导孩子走出困境。

🍀面临学业压力：与孩子共同设定合理的学习目标，避免过高期望带来的压力；教孩子时间管理和学习方法，帮助孩子提高学习效率；鼓励孩子参加课外活动，平衡学业与兴趣；调整认知，减轻心理负担。

🍀家庭发生变动：需要保持与孩子的开放沟通，解释家庭变动的原因和影响；提供稳定的情感支持，让孩子感受到家人的爱和陪伴；帮助孩子重新评估家庭变动对自己的意义，调整心态，积极面对变化，适应家庭变动带来的心理冲击。

🍀心理咨询师与家庭和学校保持密切沟通与合作，了解孩子的进展情况和改进建议。在专业人士的指导下，与孩子共同努力，帮助他们顺利走出挫折的阴影，迎接美好的未来。

爱与成长的交响曲 🎼

挫折中的支持与成长的勇气

在孩子的成长旅程中，要学会如何面对生活中的风风雨雨，学会如何在逆境中培养出坚韧不拔的意志。每一个孩子，都如同一棵正在茁壮成长的小树苗，他们既需要阳光的温暖照耀，又需要雨露的细腻滋润，更需要在风雨的洗礼中，不断锤炼自己的根基，才能最终根深叶茂。

当孩子在成长的道路上遇到挫折，表现出无助与迷茫时，我们更需要以一颗细腻的心，给予孩子无微不至的关爱与支持，用温暖的话语、坚定的信念，为孩子点亮一盏明灯，照亮他们前行的道路，让他们在挫折中学会坚持，在失败中汲取力量，最终成长为拥有强大内心和坚韧品质的优秀人才。

（朱晓洁）

第3节　告别自卑，重塑自信

案例故事 📖

小明是一个9岁的男孩，他有着一双明亮的眼睛和一颗敏感的心。他从小就被父母寄予厚望，希望他能成为家族中的佼佼者。然而，在学校和班级里，他总是那个默默无闻的存在。

小明害怕在课堂上发言，他担心自己的回答不够完美，会被同学们嘲笑。每当老师提问时，他总是紧张地低下头，双手紧握成拳，心里默默祈祷着老师不要叫到自己的名字。他的心跳声仿佛被放大了，咚咚作响，感觉全世界都能听到他内心的恐惧和不安。这种恐惧并非没有根源。有一次，小明鼓起勇气回答了老师的问题，却因为紧张而说得结结巴巴，引得同学们哄堂大笑。那一刻，他感觉自己像是被剥光了衣服站在众人面前，无地自容。从那以后，他更加确信自己不适合在公众场合表达观点，自卑的种子在他心中生根发芽。

小明的父母都是大学教授，他们对小明有着极高的期望。然而，这种期望常常让小明感到压力山大。每当他取得一点进步时，父母总是提醒他还有更多需要努力的地方；而当他遇到挫折时，他们又会表现出失望和不满。这种教育方式让小明觉得自己永远无法满足父母的期望，进一步加深了他的自卑感，他不知道自己究竟应该怎么做才能得到认可和尊重。自卑心理像一座无法逾越的高山，阻挡着他追求梦想的步伐。他害怕失败、害怕被否定、害怕再次成为别人嘲笑的对象……这些恐惧让他选择了逃避和退缩。

案例解读 🔍

1. 孩子自卑心理发生的原因和表现是什么？

儿童的自卑心理通常源于对自我能力的怀疑和对他人看法的过度担忧。这种心理状态可能由学习困难、社交挫折或是家庭环境中的高压力等多种因素触发。比如，当孩子在学业上遇到困难，无法达到预期的成绩时，他们可能会开始质疑自己的能力，从而产生自卑感。另外，如果孩子在社交中遭遇排斥或嘲笑，也容易形成对自己形象的负面评价。

自卑心理在儿童身上的表现尤为明显。他们可能会在课堂上变得沉默寡言，不敢主动回答问题，担心自己的答案会被同学嘲笑或老师批评。在课间活动中，自卑的孩子可能会选择独自玩耍，避免参与集体活动，因为他们害怕在人群中暴露自己的不足。此外，他们还可能过分在意他人的评价，对任何批评都异常敏感，即使是一句无心的话，也可能让他们陷入深深的自责和不安。

这种自卑心理不仅影响孩子的学习和社交能力，还可能对他们的心理健康造成长远的影响。因此，家长和老师需要密切关注孩子的心理状态，及时给予鼓励和支持，帮助他们建立积极的自我形象，克服自卑心理，健康快乐地成长。

2. 自卑对孩子有什么长远影响?

自卑心理对儿童的长远影响具体表现在多个层面。在学业发展方面，自卑的儿童常常因为对自己的能力缺乏信心，而不敢主动挑战更高难度的学习任务。他们可能害怕失败，担心自己的成绩不如他人，这种心态会逐渐削弱他们的学习动力，导致学业成绩滞后，甚至可能影响到未来的升学和职业发展。

在社交和人际关系方面，自卑心理会让儿童变得胆怯和退缩。他们可能害怕在同龄人面前表达自己的观点，担心被嘲笑或排斥。这种社交焦虑会逐渐阻碍他们与他人的正常交流，导致他们在建立友谊和融入集体时面临困难。长期下来，他们可能变得孤僻，缺乏必要的社交技能，这对未来的人际互动和团队合作都是极大的挑战。

更为严重的是，自卑心理还可能对儿童的心理健康产生长期影响。自卑的儿童往往更容易陷入抑郁和焦虑的情绪中，他们可能时常感到自己不如别人，这种消极的自我认知会逐渐侵蚀他们的心灵。如果这些情绪得不到及时的关注和疏导，可能会演变为更严重的心理问题，如抑郁症、社交恐惧症等，对儿童的日常生活和未来发展造成极大的困扰。

综上所述，自卑心理对儿童的长远影响是全方位的，从学业到社交，再到心理健康，都可能受到不同程度的损害。因此，家长和教育者需要密切关注儿童的心理状态，及时给予支持和引导，帮助他们建立积极的自我形象，克服自卑心理，实现健康全面的成长。

应对策略

儿童自卑心理是一个需要我们高度关注的问题，它像一块隐形的绊脚石，阻碍着孩子的成长和发展。为了帮助孩子踢开这块绊脚石，我们需要从家庭、学校和专业机构三方面入手，采取相应的应对策略。

1. 家庭应对策略

家庭是孩子成长的摇篮，家长们要扮演好心理导师的角色，帮助孩子建立起自信。

❀建立亲密、信任的关系：多跟孩子聊聊天，听听他们的心里话，了解他们的需求和感受。比如，每天晚饭后，可以跟孩子一起散散步，边走边聊，这样既能增进感情，又能及时发现问题。

✿鼓励孩子表达自我：当孩子有话想说时，家长要耐心倾听，不要急着打断或批评。这样，孩子才能慢慢地学会表达自己，建立起自信心。比如，当孩子跟你分享他们的画作或手工制品时，你要给予积极的反馈和肯定，让他们感受到自己的价值。

✿合理设置期望：家长要根据孩子的实际情况和兴趣来设定目标，避免过高或过低的期望给孩子带来压力或挫败感。比如，如果孩子学习某个科目感到困难，你可以帮助他们制订一个循序渐进的计划，而不是一味地要求他们考高分。

✿创造积极的家庭氛围：家庭氛围要和谐、愉快，尽量避免在孩子面前争吵或表现消极情绪。可以多组织一些家庭活动，比如一起看电影、做游戏等，增进家庭成员之间的互动和感情。

2. 学校应对策略

学校是孩子社交和学习的重要场所，老师们在这里扮演着举足轻重的角色，他们的每一个决策和行动都可能对孩子的未来产生深远的影响。

✿密切关注孩子的心理状态：在课堂上和课后，多留意孩子的表现和情绪变化，及时发现自卑情绪的苗头。比如，发现某个孩子突然变得沉默寡言或不愿意参与集体活动，要及时跟他们谈谈心，了解情况。

✿提供多元化的评价方式：不要只盯着孩子的成绩看，而是要关注他们的全面发展。可以组织一些多样化的活动或比赛，让孩子在更多方面展示自己的才能和进步。这样，孩子才能更加自信地面对挑战。

❀鼓励团队合作与互助：在课堂上或课外活动中，多组织一些需要团队合作的任务或项目。这样不仅能培养孩子的社交技能，还能让他们在互相帮助中减轻自卑情绪。比如，可以分组进行科学实验或制作小报等活动，让孩子们在合作中感受到团队的力量和温暖。

❀定期开展心理健康教育活动：学校可以邀请专业心理辅导师来给孩子们传授心理健康知识，教他们如何正确面对和处理情绪问题。这样既能普及心理健康知识，又能提高孩子们的情商和逆商。

3. 专业应对策略

当家庭和学校都无法有效解决儿童的自卑心理问题时，可以寻求专业心理机构的帮助，进行必要的心理治疗和药物治疗。

❀个体心理咨询：专业心理咨询师会针对孩子的具体情况制订个性化的咨询方案，通过专业的心理疏导，帮助孩子走出自卑的阴影，建立起积极的自我形象，比如采用认知行为疗法等技巧来训练孩子的思维模式和应对方式。

❀家庭治疗：专业机构会邀请家长参与治疗过程，帮助他们改善家庭环境和亲子关系，为孩子营造一个更加和谐的成长氛围，比如通过家庭沟通训练等方式来增进家长和孩子之间的理解和信任。

❀团体辅导：专业机构会组织一些具有相似问题的孩子进行团体活动，让他们在互相分享和支持中共同克服自卑心理，比如开展自信心提升小组等活动，来帮助孩子们培养社交技能和自信心。

❀必要时药物治疗：如有需要，可能会考虑使用药物治疗，但必须在专业医生的指导下进行，并定期评估效果，以确保安全有效，比如针对严重自卑导致的抑郁症状使用抗抑郁药物等。

爱与成长的交响曲 🎵

自卑的阴霾与自信的光芒

自卑情绪是孩子在成长过程中可能会遇到的心理难题，但它同样孕育着孩子心理成长的契机。通过情感的滋养、环境的塑造以及专业的心理疏导，孩子逐步学会面对并克服自卑，培育出更为坚定的自信心和积极的人生态度。

每一个鼓励的眼神，每一次耐心的陪伴，每一句温暖的话语，都成为小明摆脱自卑、重拾自信的宝贵力量。正是这些细微之处的情感支持，将点亮小明内心的希望之光，也构筑了家庭、学校的温馨与和谐。当孩子遭遇自卑困境时，请给予他们更多的理解、关怀与鼓励。认识到孩子的情感需求，提供所需的支持与引导，你们将亲眼见证他们逐渐走出阴霾，拥抱属于自己的那份独特与光彩。这不仅是对孩子成长的见证，更是你们与孩子共同成长的珍贵历程。让我们携手前行，陪伴孩子跨越自卑的障碍，迎接属于他们的灿烂未来。

（朱晓洁）

第4节 考试不慌，缓解考试焦虑

　　小明坐在窗前，眼神却显得有些恍惚。张老师经过时叫了叫小明，让他集中注意力复习，小明赶紧坐好。随着期末考试的临近，小明的心情也越来越沉重。书桌上堆满了复习材料，他却无法专心，脑海中反复想着："这次考试我能考好吗？如果考得不好，老师会不会失望？同学们会嘲笑我吗？"每当想到这些，小明的心就怦怦直跳。

　　放学后回到家，小明把书本翻开，却总是没法投入。心里那股紧张的感觉像是无形的重担，压得他喘不过气来。他甚至开始害怕去学校，每当班级里提到考试，他心中便涌起一阵不安。加上同学们之间聊的复习方法，比较彼此的准备情况，更让他内心焦躁不安。"小明，你要相信自己！"妈妈在一旁轻声劝解，但小明的心在恐惧中不停挣扎。考试日渐迫近，他却不知该如何面对。

　　晚上，幽暗的月光下，小明翻来覆去，难以入眠，他开始幻想考试失败后的种种场景，想象着自己站在讲台上，满脸愧疚与失落。这样的想法一再缠绕着他，无法褪去。

案例解读

1. 小明这是怎么了？

在这个故事里，我们清晰地看到了小明的紧张和无助：无法集中注意力学习，心情沉重，反复担心考试失利，害怕让老师、家长失望，伴有心慌、手抖等躯体不适，随着压力的逐渐增大，甚至出现厌学、失眠等症状，伴有抑郁、焦虑的情绪，感到人生迷茫。老师的善意提醒，妈妈的轻声劝解，都没有将小明从低落不安的情绪中解脱出来。最终导致的结果很可能是因为紧张情绪而复习不到位，考试成绩不理想，此后碰到考试更加忐忑，往复循环。小明的这些表现其实非常常见，在心理学上称为"考前综合征"，是学生在考试前出现的一系列心理和生理反应，通常表现为焦虑、紧张、恐惧等情绪状态。那么，小明为什么会出现这种表现呢？

2. 考前综合征的原因

考前综合征的出现，源于多种因素的交互作用，主要有以下几个方面。

❀心理压力过大，家长和老师对学生的期望过高或提出过分的、不恰当的要求，以致学生心理压力过大。

❀错误地夸大了考试与个人前途之间的关系，令考生情绪过分紧张。

❀缺乏自信心，有严重的自卑感，错误地低估自己的能力和水平，总担心自己对考试准备得不充分，不能取得好成绩。

❀考前过度疲劳，考前不适当地减少睡眠时间而过度疲劳，或平时身体健康状况差，加上心理紧张，食欲下降，营养不良，影响了大脑供血。

❀考试时间太紧，考题形式与考生认识能力差别过大，监考人员过于严肃，考前准备不充分，文具不齐备等情况，均可导致临场考试过分紧张。

3. 考前综合征的主要表现有哪些？

考前综合征的主要表现可分为情绪、身体和行为三个方面。在情绪方面，学生常常感到焦虑和紧张，担心无法达到预期的成绩，甚至可能出现恐惧和沮丧的情绪。在身体方面，学生可能经历心跳加速、出汗、胃肠不适（如胃痛和恶心）等生理反应，此外，失眠也是常见现象，因焦虑而难以入睡，影响睡眠质量。在行为方面，学生可能出现注意力不集中，难以专注于复习，甚至可能选择逃避学习，导致准备不足。有些学生则可能因焦虑而进行过度复习，反而影响学习效果。如何打破僵局，让孩子们树立信心，理智思考是关键，那么怎样帮助他们呢？

应对策略

面对考前综合征，家长和学校需要真切地从自己的角度出发，了解孩子所面临的困境，然后给予孩子相应的帮助，包括情感上的支持与理性的策略。

1. 家庭应对策略

家庭是孩子心灵成长的土壤，是他们面临困境的依托。家庭的支持与理解至关重要。家长可以通过以下方式为孩子提供帮助。

🍀反思自己是否理智、科学地看待考试：考试的功能是对最近阶段学习状态的反馈，帮助学习者查漏补缺，是对个人心态的磨炼。如果家长过于看待考试成绩，则有悖于考试初衷，而且增加孩子的压力。

🍀与孩子建立良好的沟通：鼓励孩子表达自己的感受，在孩子无助的时候予以鼓励，紧张的时候选择适当的方式排解压力。

🍀为孩子提供安静、整洁的学习空间，减少干扰。鼓励孩子在学习间隙进行短暂的身体活动，做到劳逸结合。

🍀确保孩子均衡饮食，摄入足够的营养。督促孩子作息规律，确保孩子获得充足的睡眠等。

2. 学校应对策略

小学教育的主要特点和意义在于为学生打下坚实的学习基础，培养学生全面发展，提高学生的综合素质和综合能力，并使他们具备适应社会的各方面能力。在应对学生考前焦虑方面，学校可以在以下方面作出努力。

🍀教师本身对于教育的深刻理解：考试不是检验一切、定义学生的唯一方式，考试只是协助学生更好地学习的路径，积极鼓励学生自主学习，快乐学习，良性竞争，互相促进，充分引导孩子树立正确的人生观、世界观、价值观，为自己努力奋斗，有志者事竟成，但成功的路不都是平坦的，提高学生应对挫折的能力与不屈不挠的精神。

🍀定期举办心理健康讲座：帮助学生了解考前焦虑的常见性，教会学生放松技巧和情绪管理方法。

🍀设立心理咨询室：提供专业的心理咨询服务，帮助学生解决情绪问题。鼓励教师与学生建立良好的关系，及时关注学生的情绪变化。

🍀帮助学生系统复习，增强自信心；完善考试安排，清晰明了告知考试内容及形式，连续考试中间给予适当的休息；在校园内营造轻松的考试氛围，鼓励学生以积极的心态面对考试；鼓励学生参与体育活动，增强体质，缓解压力。

🍀与家长保持沟通：分享学生的学习情况和心理状态，共同制订应对策略，提供家长培训，帮助家长了解如何支持孩子应对考试压力。

🍀考后收集学生和家长的反馈，评估应对策略的有效性，及时调整和改进。

3. 专业应对策略

当孩子因此情况出现严重的躯体不适，影响心身健康时，我们便需要寻求专业的心理机构来帮忙，那么相应的心理治疗方法都有哪些呢？

🍀认知行为疗法：帮助学生识别和挑战负面的思维模式，替换为积极的自我对话。通过行为练习，逐步让学生面对他们的焦虑源，增强应对能力。

🍀放松训练：教授学生深呼吸、渐进性肌肉放松和冥想等放松技巧，帮助他们在紧张时刻放松身心。通过定期练习，培养学生的放松习惯，增强自我调节能力。

❀ 情绪管理：帮助学生识别和表达自己的情绪，理解焦虑的正常性。教授情绪调节技巧，如情绪日记、情绪识别和表达练习。

❀ 建立自信心：通过设定小目标和逐步达成，增强学生的自信心。鼓励学生参与课外活动，培养他们的兴趣和特长，提升自我价值感。

❀ 家庭参与：鼓励家长参与治疗过程，提供支持和理解，帮助孩子在家庭中建立安全感。教授家长如何创造一个积极的学习环境，减少家庭压力。

❀ 小组治疗：组织小组治疗，让学生在同伴支持下分享经验和感受，减少孤独感。通过互动和交流，增强学生的社交技能和应对能力。

❀ 情境模拟：通过模拟考试情境，帮助学生适应考试环境，减少对真实考试的恐惧。提供反馈和指导，帮助学生在模拟中找到应对策略。

❀ 专业咨询：在需要时，建议学生寻求专业心理咨询师的帮助，进行个性化的心理治疗。通过专业的评估和干预，帮助学生更好地应对考前焦虑。

爱与成长的交响曲 🎼

缓解考前综合征，从容迎考

考前综合征是每位学生在备考过程中都要面对的一种心理状态，影响着学习效率和考试表现。适度的紧张可以在一定程度上激励学生，过度的反应则可能导致考生在情绪、认知、身体和行为等多个层面出现异常反应，给孩子的求学之路和成长带来烦恼。但我们相信，在家庭、学校和专业干预的共同努力下，定能激发孩子的自主性和创造力，提升他们的抗压能力，树立信心，轻松自如面对以后人生中的每一个困难和挑战。请相信，成功的定义不仅仅是成绩的高低，更是在追求梦想的过程中，所收获的知识、友谊和坚韧的精神。

　　在此，我想寄予每位学生一句祝愿：愿你们在面对考试时，能够保持一颗平常心，以信心和从容迎接挑战！记住，考试只是人生中的一个小阶段，无论结果如何，重要的是你们在此过程中所获得的知识和成长。希望你们在每一次的备考旅程中，都能找到自己的节奏，体会学习的乐趣，充分展现自己的潜力。最后，愿每一位备考的学子，都能够在风雨中坚定不移，迎接灿烂的阳光。相信努力与坚持会带来美好的回报，愿你们都能在未来的道路上，书写属于自己的辉煌篇章！

（李霄凌）

第 5 节　望子成龙之困：童年的重负

案例故事

　　在一个温暖的小镇上，住着一个名叫小杰的小学生。他的父母非常重视对他的全面培养，总是对他的未来充满期望，时时刻刻希望他能够出人头地，

成就非凡。小杰的父母经常对他说："学习是你改变命运的唯一途径，你一定要努力！"

每天放学后，小杰的时间几乎都被各类补习班和兴趣班占据，辗转于各种等级考试、比赛和竞赛中。每当小杰取得好成绩时，父母总是向亲戚、朋友炫耀；考试失利时，父母会不停数落，小杰只能独自承受。他的书架上满是作业和复习资料，几乎没有时间去玩耍，每当看到其他小朋友开心做游戏，小杰总是羡慕不已。夜里小杰经常感到很疲累，却久久不能入睡，脑海里都是父母的期望，来不及完成的作业，考不完的等级考试……

有一次，小杰在绘画等级考试中失利，没能发挥出应有的水平，成绩出来后，他低下头，眼泪夺眶而出，脑海中回响着父母失望的声音。回家的路上，小杰心中暗自发誓，要努力做到最好，但他也开始思考这样的生活到底是对是错，为何疲惫不堪，没有尽头。

案例解读🔍

1. 小杰的处境是怎样的?

这是一个望子成龙的家庭，在这样的家庭中，孩子常常面临着巨大的心理压力。父母的期望像一座无法攀登的高峰，孩子不得不背负起超出自身能力的重担。每一次考试、每一次竞赛，都是父母证明自己教育成功与否的舞台，孩子则成为这个舞台上的演员。这种环境往往让孩子失去了自主选择的机会。他们被迫追求父母设定的目标，而忽视了自己真正的兴趣和梦想。长时间的高压可能导致孩子性格内向、自信心不足，甚至出现抑郁、焦虑等心理问题。他们可能对未来感到迷茫，不知如何才能满足父母的期望，最终甚至怀疑自己的价值。此外，孩子在这样的家庭中也难以建立起健康的亲子关系。由于一味地苛求与批评，亲子之间的沟通往往变得极为紧张，缺乏必要的理解与支持。孩子渴望被认可，但这种认可仅限于成绩和表现，难以得到情感上的满足。

2. 望子成龙的深刻理解

望子成龙的意义在于父母对孩子的期望和希望。在中国文化中，龙是吉祥和成功的象征，因此望子成龙意味着父母希望孩子能够取得卓越成就，出人头地。这样的期望反映了父母对孩子的教育重视、对未来生活的美好期待，同时也体现了对孩子的全面发展和个人价值的追求。但在现如今的社会，望子成龙似乎脱离了正确的轨道，家长对孩子期望过高给孩子带来了巨大的心理压力，过分追求成绩或全面发展可能使家长忽视孩子的兴趣爱好和个性需求，不利于孩子的健康成长，甚至造成亲子关系极度紧张。

很多父母强烈地希望孩子帮助他们实现自己的人生理想，其实这是父母把自己的焦虑转嫁给了孩子，希望孩子容纳和化解自己的焦虑。为了父母期待而活着的孩子，感受不到自己的想法，逐渐窒息，变得情绪异常，行为极端。在过高的期待中，父母用自己的付出，来显示自己的地位，变成情感勒索，剥夺了孩子为自己意志生存的权利，这是一种变相的控制，而不是真正意义的爱。

3. 过度望子成龙的危害表现有哪些?

过度"望子成龙"的现象在家庭教育中表现出多种危害,主要体现在以下几个方面。

❀心理压力加大。家长对孩子的期望过高,常常导致孩子感受到巨大的学习压力。他们可能会因为无法达到父母的期望而产生焦虑、抑郁等心理问题,甚至对学习产生恐惧感。

❀影响个性发展。过度的期望往往使孩子失去自我探索的机会,无法发展自己的兴趣和特长。孩子在追求父母设定的目标时,可能会忽视自身的需求和愿望,导致个性扭曲。

❀亲子关系紧张。家长的高期望可能导致与孩子之间的沟通障碍,孩子在压力下可能会产生叛逆心理,进而与父母产生冲突,影响家庭和谐。

❀教育挫折感增强。许多孩子在追求"成龙成凤"的过程中,可能会遭遇失败,导致自信心受挫,形成恶性循环,进一步加重心理负担。

综上所述,过度"望子成龙"不仅对孩子的心理健康造成威胁,还可能影响他们的个性发展和家庭关系,家长应当适度调整期望,关注孩子的全面成长。

应对策略

1. 家庭应对策略

望子成龙是许多家长的美好期望,但在追求这一目标的过程中,家长往往会给孩子带来过大压力,造成上述不良影响。那么家长如何自我识别这一困境,并做出相应改变呢? 可以从以下几个方面入手。

🍀进行自我反思是识别望子成龙困境的第一步。家长要认真审视自己的教育观念和行为，反思是否过于追求孩子的学业成绩和社会地位。例如，可以问自己："我是否总是把孩子的成功与我的自我价值挂钩？""我是否只在孩子表现好时给予关注和赞赏？"通过坦诚的自我对话，家长可以识别出潜在的压力源。

🍀关注孩子的真实需求。家长要学会倾听孩子的声音，理解他们的兴趣、情感和需求，而不仅仅专注于成绩或表现。定期与孩子进行深入的沟通，询问他们的感受和愿望。了解孩子的兴趣爱好，不仅帮助家长理解孩子的真实想法，还能让孩子感受到被尊重和支持。

🍀设定合理的期望。在设定期望时，家长应考虑到孩子的特长和个性，不要一味追求社会普遍标准。每个孩子都有自己的发展节奏，家长需要明确，成功的定义不应仅限于学业上的成就。鼓励孩子在爱好、社交和情感等多方面发展，这样可以让他们更全面地成长。

🍀家长也应当学习调整自己的心态。将关注点从孩子的成就转向孩子的健康成长，培养孩子的独立性和自我管理能力。当孩子在某个领域有所突破时，应给予积极的反馈，而在他们经历挫折时，表现出理解和支持。这不仅能减轻孩子的心理负担，还能增强亲子间的信任感和亲密感。

🍀家长可寻求专业支持，参加相关的教育培训或咨询，学习积极的教育理念和方法。这些资源能够帮助家长更好地理解儿童心理，学会如何科学地引导孩子成长，并识别自身的盲点。

2. 学校应对策略

🍀心理健康教育：在学校课程中融入心理健康教育，帮助学生理解和管理压力，增强心理韧性。提供心理咨询服务，让学生和家长能够获得专业支持。

🍀家长教育与辅导：定期举办家长讲座或培训，宣传健康的育儿理念，帮助家长理解适度期望的重要性。通过案例分享，促进家长之间的沟通，减少无形压力。

🍀多元化的成功标准：鼓励学校领导和教师制订多元化的成功标准，除了学业成绩外，还要重视道德品质、社交能力和创造力的发展，帮助学生多方面成长。

🍀减少竞争氛围：在校园内减少不必要的竞争，营造合作和支持的环境。通过团队项目、合作学习等方式，让学生学习如何相互支持而不是单纯竞争。

🍀提供丰富的课外活动：鼓励学生参与各种课外活动，包括艺术、体育、志愿服务等，帮助他们发展兴趣，提升自我价值感，从而减轻学业压力。

🍀建立反馈机制：建立有效的反馈机制，定期评估学生的学习与发展，关注他们的情感需求和心理状态，以便及时调整教育策略。

🍀培养内在动机：教导学生设定自己的目标，培养他们的内在动机，让学生在追求个人发展时感受到满足感，而不仅是外部的期望与压力。

❀教师培训与支持：对教师进行培训，增强他们识别学生压力和情感需求的能力。创造一个支持性教师环境，也让教师能够有效地支持学生的多方面发展。

3. 专业应对策略

❀心理评估与干预：提供心理评估服务，帮助识别孩子的情绪和心理状态。根据评估结果，制订个性化的干预方案，帮助孩子应对压力和焦虑。

❀个体咨询与辅导：开设个体心理咨询，帮助孩子和家长面对"望子成龙"带来的压力，探索其内心期望的来源和影响，提升自我认知和自信心。

❀家庭治疗：提供家庭治疗服务，帮助家庭成员之间进行有效沟通，以理解彼此的期待和压力，促进家庭关系的和谐。

❀心理教育与培训：开展心理健康教育课程，向家长和教师普及心理健康知识和育儿技巧，强调无条件爱的理念，帮助他们理解孩子的成长需要和心理需求。

❀建立支持小组：组织家长支持小组或分享会，让有相似经历的家长相互交流，分享应对策略和成功经验，减轻孤独感和压力。

❀情绪管理工作坊：举办针对儿童和青少年的情绪管理工作坊，教授调节情绪的技巧，例如正念练习、放松训练等，帮助他们有效应对外部压力。

❀提供资源和工具：提供心理健康资源，如阅读材料、在线课程或应用程序，帮助家长和孩子更好地管理压力，增强应对能力。

🍀倡导多元价值观：在心理咨询中，强调对成功的多元定义，鼓励学生追求个人兴趣和目标，让他们明白个人价值不仅在于学业成就。

🍀定期反馈与评估：定期评估干预效果，收集反馈，以不断改进服务，确保孩子的心理需求得到充分关注。

爱与成长的交响曲 🎵

无条件的爱，助力成长

小学生的家庭教育对于孩子心身健康发展尤为重要。通过设立规矩、以身作则、表扬鼓励、倾听理解、提供适度的学习资源等方法，实施有效的家庭教育，为孩子的未来奠定坚实的基础。望子成龙是美好的期待，但值得注意的是，在追求孩子成功的过程中，父母的期望有时也可能变得过于沉重。过度的压力可能导致孩子的心理负担，反而有悖于"成龙"的初衷。因此，父母在培养孩子的过程中，需要保持理性，不仅要关注孩子的学业成绩，更要关注他们的身心健康。心理学研究表明，快乐、自信的孩子往往更容易在未来取得成功。因此，在期待孩子"成龙"的同时，创造一个积极、宽松的家庭氛围至关重要。

在对孩子的期待中，给予他们足够的支持和理解是必不可少的。每个孩子都有自己的兴趣和长处，父母应尊重他们的选择，帮助他们发现并发展这些优势。教育的目的不仅是成就一个"成功"的人，更是为了培养一个快乐、健康、有责任感的人才。最终，孩子的成长不仅关乎学业和职业成就，更关乎他们的人格魅力和社会适应能力。

在这个充满挑战与机遇的时代，愿每位父母都能与孩子一起携手前行，在理解与支持中，共同迎接未来的挑战。让孩子在爱的滋养下，找到自己的方向，成就属于他们的那条光辉之路。愿我们的孩子都能如龙飞天，展翅高翔，拥有一个光明的未来！

（李霄凌）

第 6 节　不要有条件的爱：让爱回归纯粹

案例故事📖

小雨从小聪明伶俐，总是能在学校里取得好成绩。然而，她的内心始终隐隐作痛，因为她总觉得自己不够好。小雨的父母非常重视她的学习，总是为她制订严格的计划。"如果你能考到全班前五名，我们就带你去游乐园。"妈妈常常这样承诺。而且每次在小雨取得好成绩的时候，他们总是表现得异常开心，对小雨格外温柔，让小雨觉得自己被宠溺得像个小公主；但当小雨未达到他们的要求时，他们则表现得异常冷漠。

为了得到更多的温暖，小雨总是努力满足父母的期望，但内心的孤独与不安愈发加重。有一次小雨考试失利，在班级中的名次掉到了第十名。回到家后，她战战兢兢地告诉爸爸妈妈，果不其然得到了冷嘲热讽，"白给你补了那么多课，有时间就知道跳皮筋，玩玩偶，有那个时间不好好复习？"小雨已经疲愈不堪，她在日记中写道："他们爱的是成绩优异的我，让他们脸上有光的我，不是真正的我，我好累，好累……"

渐渐地，小雨不再努力进取，成绩一落千丈，她觉得这一切都没有意义，看着父母的恶语相向，她嘴角露出一丝满意的微笑。

案例解读🔍

1. 小雨这是怎么了？

小雨从小聪明伶俐，成绩优异，是很多家长眼中"别人家的孩子"。但小雨内心充满了不安，她在不安什么呢？其实小雨也不知道，无形的枷锁总是裹挟着她不停地做到优秀，时刻保持警惕不能出错，这样才能得到更多的爱，不然就会遭遇冷酷无情的对待。这样的爱已悄然变质，附加的条件让小雨得出另一个结论——"父母只爱满足他们要求的孩子"。时间一长，幼小的内心再也装不下过载的压力，精神持续的高度紧张到崩溃边缘，崩溃过后是摆烂，是敌对，是扭曲情绪的狂乱释放："你们想要什么，我偏不做什么，静静地看你们歇斯底里……"

2. 附加条件的爱会导致哪些后果？

父母的爱对孩子的成长至关重要，但当这种爱带有附加条件时，其结果可能相悖。通常带有条件的爱意味着父母只在孩子满足特定期望或标准时给予关爱，这种方式可能会形成一些负面后果。

孩子产生自我价值感的缺失。当孩子意识到自己的价值依赖于父母的认可时，他们可能会对自己的真实感受和需求产生怀疑。他们会不断追求外界的认可，而忽视自己的内心需求。长此以往，这种依赖会影响他们的自信心和自尊心，使他们更容易感到焦虑和抑郁。

亲子关系的不和谐。如果父母的期望过高或不切实际，孩子可能会因为无法满足这些条件而感到挫败和失落，从而与父母产生隔阂。这种矛盾可能使孩子在情感上与父母疏远，甚至憎恨父母。

孩子在未来的社交中出现问题。他们可能会过于关注他人的评价，甚至在与他人交往时采取迎合的态度，以求得他人的认可。这种情况下，他们很难建立起真实、平等的友谊关系，往往会感到孤独与疏离。

影响孩子的价值观。当父母将成功、成绩等作为爱的条件时，孩子可能会错误地将这些外在因素视为衡量生命价值的标准。这种价值观的扭曲，可能使他们在追求物质和地位的过程中迷失自我，忽视了内心真正的快乐和满足。

应对策略

附加条件的爱会导致上述不良后果，相信所有父母都不愿自己的孩子面临如此困境。但现实中，许多父母很难认识到自己的做法不妥，坚定地认为自己无私地爱着孩子，自己努力工作给予孩子最好的生活环境、最好的教育，很少能够反思到自己无意识的行为模式：在孩子满足其要求时，给予孩子更多关注和关心，孩子没有达到要求时，冷漠无比甚至打压。

1. 家庭应对策略

🍀自我反思是关键：父母可以问自己一些问题，例如："我是否只在孩子表现良好时才给予赞扬？""我对孩子的期望是否过高，以至于他们几乎无法满足？"通过深刻反思自己的行为和言辞，父母可以识别出潜在的附加条件的爱。在这种过程中，父母要诚实面对自己的感受，考虑这是否源于自己的教育背景或文化影响。

🍀关注孩子的情感反馈：父母可以通过观察和交流来了解孩子的内心感受。如果孩子总是表现出焦虑、不安，或对自己的能力产生怀疑，可能表明他们感受到父母的爱是有条件的。与孩子进行开放式的对话，询问他们的感受和期望，能够帮助父母更加清晰地认识到自己的影响。

🍀培养无条件的支持意识：父母可以主动练习在孩子表现不佳或犯错误时，依然给予他们关心和支持。通过这样的方法，父母不仅传达了无条件爱的理念，还能增强孩子的自信心。例如，当孩子在学校遇到挫折时，父母可以表达理解和支持，而不是批评和指责。这样，孩子能够感受到自己始终是被接受和爱的，而不只是当他们成功时才被重视。

🍀父母还应当平衡对孩子的期望，明确区分期望与爱的关系：父母可以设定合理且适度的期望，但同时要明确表达自己对孩子的爱是独立于这些期望的。教育孩子努力追求自己的兴趣和理想，而不是仅仅为了迎合父母的期待，这样孩子才能够在未来形成更加健康的自我认同。

🍀寻求外部支持也不失为一个好方法：家庭咨询、心理辅导等可以帮助父母更清楚地理解自己的教育方式，并提供改进的建议。通过专业人士的指导，父母能够更好地调整自身的教育方式，从而给予孩子更健康、更无条件的爱。

综上，父母只有不断审视和调整自己的教育方式，才能真正意识到自己是否在施予有条件的爱，进而为孩子创造一个更加温暖和支持的成长环境。

2. 学校应对策略

🍀加强家校沟通：定期组织家长会和交流活动，向家长宣传无条件爱的理念，帮助他们意识到附加条件的爱对孩子的潜在伤害。

🍀开展心理健康教育：为学生提供情感和心理支持，帮助他们理解自我价值，增强自信心，并教授应对压力和焦虑的技巧。设置积极的奖励机制，鼓励孩子的努力和进步，而不仅仅是追求结果，帮助他们建立健康的成就观，促进内在动机。

🍀提供家庭教育指导：针对家长开展育儿讲座或工作坊，教授有效的沟通技巧和教育方法，引导他们以更积极的方式支持孩子。

🍀促进学生多元发展：提供丰富多样的课外活动，鼓励孩子探索不同的兴趣和才能，帮助他们形成个性和自信。

🍀营造支持性环境：创建一个包容和支持的校园氛围，让学生在无压力的环境中学习和成长，培养他们健康的情感发展。

3. 专业应对策略

❀心理评估：对孩子进行心理评估，了解其自尊、自信心及情感状态。评估结果可帮助专业人士制订针对性的干预措施。

❀个体心理咨询：提供专业的个体咨询，帮助孩子探索和理解自身情绪，增强自我认知和自我接纳感。通过倾诉、认知重构等技术，帮助他们摆脱附加条件的爱的心理负担。

❀家庭治疗：针对家庭成员进行家庭治疗，以改善亲子关系。帮助父母认识到自己的教育模式对孩子的影响，促进更健康的沟通方式和情感表达。

❀情绪调节训练：教授孩子情绪调节的技巧，如正念练习、情绪识别训练等，帮助他们学会有效管理情绪，减少焦虑和压力感。

❀正向强化：引导父母关注孩子的努力和进步，而非仅仅只关注结果，从而促进无条件的爱和支持。通过指导父母使用积极的语言和反馈，强化孩子的自我价值感。

❀心理教育与宣传：开展心理教育工作坊和讲座，向母亲或父亲提供关于无条件爱的理念、亲子关系的重要性及其对孩子发展的影响等内容的培训。

❀支持小组：建立亲子支持小组，让家长和孩子一起参与互动活动，增进彼此的理解与支持，分享各自的经验和挑战。

❀心理干预：对于已经受到严重影响的孩子，提供心理干预，及时处理心理问题和情感创伤，确保他们的心理安全。

让无条件的爱滋养孩子的心灵

在现代社会中，父母无疑是孩子成长过程中最重要的支持者和引导者。然而，在一些家庭中，父母的爱往往附加了许多条件，以至于孩子在接受爱的同时，也感受到了无形的压力。

作为父母，我们需要反思和调整自己的教育观念，努力以无条件的爱去支持孩子的成长。无条件的爱意味着接受孩子的全部，包括他们的优点和缺点，欣赏真实的他们。这样的爱能为孩子创造一个安全的成长环境，让他们在探索和学习的过程中，感受到被理解和接纳。如果孩子在面对失败时，知道父母依然会支持他们，那么他们便能以更积极的心态去面对挫折和挑战。同时，家庭教育不仅关乎孩子的学业成就，更关注人格的培养和心理素质的提升。我们应当鼓励孩子探索自己的兴趣，发展自己的潜能，而不仅仅是追求符合父母期待的结果。

在此，我想对每一位孩子送上诚挚的祝福：愿你们在成长的旅程中，能够感受到无条件的爱与支持，无论前方的路多么曲折，都能明白自己是值得被爱的。同时，我也希望每一位父母能够以更加开放和包容的心态，接纳孩子的独特之处。愿我们都能在孩子的成长中，成为良好的引导者，而不是压迫者。让爱变得更加无条件，让家庭成为孩子心灵的港湾。

愿每个家庭都能以爱为基石，构建起理解与支持的桥梁，让孩子在健康、快乐的氛围中茁壮成长。

（李霄凌）

第7节 释放天性：带孩子走进运动的世界

明明是一个8岁的小男孩，他平常喜欢待在家里，玩电子游戏、看动画片和画画，经常一画就是几个小时。他不喜欢出门，更喜欢待在自己的房间里，沉浸在自己的世界里。他的父母注意到他越来越不愿意出门，担心他缺少户外活动和社交的机会。"妈妈，我不出去，我要在家里！"明明的声音充满了厌烦。她的母亲张女士温柔地说道："宝贝，外面游乐场里有很多小朋友，我们去和小朋友们一起玩好吗？"然而，无论妈妈如何说，明明始终不愿意出门活动。

在学校里，李老师也在尝试拓展有趣的户外活动，让其他孩子主动邀请明明加入。然而，明明仍然无法迈出户外活动这一步。于是，张女士和李老师决定向儿童心理医生陈医生寻求帮助。

案例解读🔍

1. 明明为什么不想参加户外运动？

不爱户外运动这一现象如今在学龄期孩子中比较多见，可能与多种因素有关。①焦虑和抑郁情绪：学龄期儿童可能会因为学业压力、社交恐惧或对外界环境的担忧而感到焦虑或抑郁，这些情绪可能导致他们不愿意参与户外活动。②社交恐惧：社交恐惧症可能导致孩子害怕与人交往，因此避免户外活动和集体游戏。③注意缺陷多动症（ADHD）：这类孩子可能因为注意力难以集中和过度活跃的行为，更倾向于室内活动，而不是需要更多纪律和注意力的户外运动。④孤独症谱系障碍：孤独症儿童可能因为社交互动困难和对环境的敏感性，更倾向于待在熟悉和可控的环境中，而不是参与户外活动。⑤情绪调节困难：一些孩子可能难以调节自己的情绪，户外运动可能让他们感到不知所措，因此选择逃避。⑥身体形象问题：随着年龄的增长，孩子可能会因为对自己身体形象的不满或自我意识过剩而避免户外活动，担心被同伴评价。⑦家庭和环境因素：家庭环境、父母的教养方式和社区的安全性也会影响孩子是否愿意出门。过度保护或不鼓励户外活动的家庭环境可能导致孩子更倾向于室内活动。⑧电子产品的影响：现代生活中，电子产品的过度使用，可能导致孩子沉迷于虚拟世界，减少户外活动的兴趣和时间。

明明较为可能的原因是社交恐惧。儿童社交恐惧为在陌生环境中表现出过分害羞、尴尬，对自己的行为过分关注，或者在进入新环境时感到痛苦和身体不适。儿童可能在公众场合感到极度恐慌和紧张，害怕与同伴或大人交流，甚至在见到陌生人时出现心慌、耳热等症状。这些症状可能会导致儿童拒绝上学和回避同龄人的集体活动，不愿意出去运动。

2. 什么是社交恐惧症？

社交恐惧症也称为社交焦虑症，是一种常见的心理障碍，患者在社交或可能受到他人审视的场合中感到持续和强烈的恐惧。这种恐惧通常与害怕尴尬、羞辱或负性评价有关。社交恐惧症在儿童和青少年中也较为常见，可能表现为在学校或其他社交场合的过度害羞、紧张、害怕、尴尬，以及社交回避行为。社交恐惧症的成因可能包括遗传因素、生物学因素（如神经递质失调）、社会心理因素（如家庭环境、父母教养方式、社交经验等）。治疗社交恐惧症通常采用心理治疗，特别是认知行为疗法，有时也会使用药物治疗。

在明明的故事里，我们能明显感觉到家长和老师在面对社交恐惧时的无助。张女士在家中尝试了一切她能想到的方法——鼓励、陪伴、安慰，但明明依然抗拒外出运动。李老师在学校同样竭尽全力，想要通过丰富户外活动形式和友善的环境让明明感到安全，可是明明始终不愿意迈出户外运动这一步。这种无力感让家长和老师感到深深的挫败，他们不知道如何真正帮助孩子从这种情感的困境中走出来。对于儿童和青少年，家长和教师的支持和理解至关重要。家长应鼓励孩子参与社交活动，同时提供一个安全和支持的环境，帮助孩子建立自信和社交技能。如果社交恐惧症的症状严重影响了孩子的日常生活和功能，应寻求专业的心理健康服务。

应对策略

面对分离焦虑，解决孩子的社交恐惧问题，不仅需要情感上的温暖与耐心，还需要科学的引导与策略。家长和教育者需要从多个方面入手，耐心和持续地支持孩子。

1. 家庭应对策略

解决孩子的社交恐惧问题，对他们的个人成长、社交技能发展和整体心理健康至关重要，而家庭在帮助孩子克服社交恐惧中发挥关键作用。

🍀提供支持性环境：家长可以为孩子创造一个温暖和支持的家庭环境，鼓励他们表达自己的感受，并提供积极的反馈。比如，可以营造一个温馨的家庭氛围，让孩子感受到家的温暖和安全，家庭成员之间的良好互动可以为孩子提供正面的社交榜样。

🍀培养自尊和自我效能感：可以通过正面的肯定和鼓励，帮助孩子建立积极的自我形象，提高他们的自尊和自我效能感，从而减少社交焦虑。

🍀共情与倾听：家长应当鼓励孩子表达他们的恐惧与担忧，并以理解的态度回应。

2. 学校应对策略

在学校环境中，教师同样是帮助孩子战胜社交恐惧的重要角色。学校应该是孩子们逐渐接触和适应社交场合的地方，学校可以帮助孩子逐步克服社交恐惧，提高他们的社交能力和生活质量。

🍀社交技能训练：李老师通过角色扮演和模拟社交场景，提高明明的社交技能，使他逐渐放下了对社交的恐惧，开始融入集体生活，能够在真实社交场合中更加自如地应对。

🍀放松技巧：李老师教会明明深呼吸、渐进性肌肉放松等放松技巧，帮助他在社交场合中保持冷静。

🍀鼓励参与集体活动：教师可以通过丰富集体活动形式，让明明参与他感兴趣的集体活动，这可以帮助他在感兴趣的领域内建立社交关系，增强社交自信。

3. 专业应对策略

在明明的案例中，最终起到关键作用的是专业的心理干预。陈医生根据一系列专业心理评估与诊断，通过图形、动画等形式，采用专业的治疗技巧和训练方法，为解决社交恐惧提供了科学的支持。

🍀认知行为疗法：陈医生通过帮助明明识别和改变负面思维模式，减少恐惧和焦虑感，帮助明明理解社交焦虑是一种消极的条件反射，可以通过放松暗示学习法，消除原有的消极情绪反射，塑造积极的情绪反射。

🍀行为疗法：陈医生通过逐步增加明明面对社交场合的难度，帮助他逐渐适应并减少焦虑。例如，先由父母陪同孩子接触陌生人，然后鼓励孩子独立交往，最终能够主动与小朋友交往，增强自信心。

🍀家庭治疗：陈医生通过与张女士沟通，帮助其调整教养方式，以及改变孩子的成长环境，使得整个家庭在应对社交恐惧时变得更加协调和有力，家长的支持和理解对孩子克服社交恐惧至关重要。

独处的满足与交往的魅力

社交恐惧症在儿童心理成长过程中悄然埋下隐患，它像一层无形的阴影，笼罩在孩子原本多彩的心灵上。对于这些孩子来说，每一次与人交往的尝试都变成了一场艰难的挑战。他们害怕与人对视，担心自己的一举一动被别人嘲笑，这种持续的担忧和紧张情绪，逐渐转化为对社交场合的回避行为。在同龄人中，他们往往沉默寡言，宁愿孤独地坐在教室的角落，也不愿参与集体活动。他们的沉默并非出于冷漠，而是内心深处对社交互动的恐惧和不安。这种恐惧不仅限制了他们与同伴建立友谊的机会，还影响了他们学习新社交技能的能力。

随着时间的推移，社交恐惧症可能导致孩子严重缺失自尊和自信心。他们开始怀疑自己的价值，感到自己在社交场合中无能为力。这种自我怀疑可能会渗透到生活的其他方面，包括学业成绩和兴趣爱好，从而形成一个负面循环。社交恐惧症还可能引发其他心理健康问题，如焦虑和抑郁。孩子可能会因为害怕社交互动而错过许多成长和发展的机会，这不仅影响他们当前的生活质量，还可能对他们的未来产生长远的不利影响。

家长、教师和心理健康专业人员需要共同努力，为孩子提供一个支持和鼓励的环境，帮助他们克服恐惧，建立自信，重新获得参与社交活动的勇气和能力。通过适当的心理治疗和社会支持，孩子们可以逐渐学会管理自己的恐惧情绪，发展健康的社交技能，从而在成长的道路上迈出坚实的步伐。

（龚晨）

第8节　赞美的力量：正向激励的艺术

案例故事📖

　　小华是一所实验小学的学生，他天资聪颖，却总是沉默寡言。小华班级有一位以严厉著称的王老师，他坚信"严师出高徒"，对学生的要求极为苛刻。一次，小华在数学竞赛中获得了优异的成绩，他满怀期待地将奖状拿给王老师看，希望能得到表扬。然而，王老师只是匆匆一瞥，冷冷地说："这不算什么，比你优秀的人多的是，你不能因此而骄傲自满。"小华的眼神顿时黯淡下来，他的信心和热情仿佛被冷水浇灭。随着时间的推移，小华越来越不愿意展现自己，即使他有能力解决问题，也总是退缩不前。

　　王老师的方法在其他学生身上也产生了类似的影响，班级里的气氛变得越来越压抑，学生们的创造力和积极性受到了严重的打击。他们开始害怕犯错，害怕尝试新事物，因为每一次的努力，换来的都是批评和更高的要求。最终，这个班级失去了往日的活力，孩子们的潜力没有得到充分的挖掘和鼓励。他们中的许多人，因为缺乏正面的激励和支持，而未能成为更好的自己。这个故事告诉我们，即使是出于好意的严格，如果没有适时的夸奖和鼓励，也可能阻碍孩子的成长。

1. 为什么小华越来越不愿意表现自己？

在这个故事中，小华的自信心之所以逐渐丧失，是因为他在取得成就后没有得到王老师的认可和鼓励，反而面对的是王老师的冷漠和不断的批评。这种缺乏正面反馈和持续的负面评价，使得小华感到自己的努力不被看见，价值不被肯定，从而导致他对自己的能力产生了怀疑，害怕尝试和失败，最终回避挑战，形成了一种消极的自我认知，自信心也逐步下降。小华的自信心下降，导致他在学习和社交活动中的表现变差，这反过来又进一步强化了他的负面自我形象，形成了一个恶性循环。缺乏正面激励和过度批评，会对孩子的自信心产生负面影响，导致自我价值感缺失，而积极的反馈和鼓励在孩子成长过程中至关重要。

2. 什么是自我价值感缺失呢？

自我价值感缺失在儿童心理学中指的是孩子对自己的价值和能力缺乏正面的评价和认识。这种心理状态可能会导致孩子在社交、学习和其他活动中缺乏自信，感到不被接纳。自我价值感的缺失可能会影响孩子的心理健康，导致焦虑、抑郁和社交障碍等问题。自我价值感的形成与多种因素有关，包括家庭环境、父母的教养方式、同伴关系和个人经历。例如，父母过度批评或忽视孩子的需求，可能会导致孩子形成消极的自我认知。相反，积极的反馈、鼓励和支持可以帮助孩子建立积极的自我价值感。

在小华的故事里，我们明显感知到过度严厉的教师给予的负面反馈和过度批评，对小华产生了负面影响。孩子在学校中经历失败或被教师、同学排斥，可能会让他感到自己不被接纳，从而影响自我价值感。帮助孩子建立积极的自我价值感，家长和教育者需要提供一个支持和鼓励的环境，鼓励孩子参与他们感兴趣的活动，给予积极的反馈，以及帮助孩子学会适当的情绪调节和自我评价。通过这些方法，可以帮助孩子建立积极的自我认知，从而提升他们的整体心理健康和社会适应能力。

应对策略

儿童自我价值感缺失是一个复杂的问题，它可能由多种因素引起，包括家庭环境、学校经历和个人心理状态，这需要家长、教育者从各方面提供相应的改善策略，必要时需要寻求心理咨询师的专业指导。

1. 家庭应对策略

家庭是孩子成长的第一个社会环境，对孩子的身心发展具有深远的影响。对于像小华这样经历自我价值感缺失的孩子，家长的认可和欣赏对孩子的自我价值感至关重要。

🍀提供支持和鼓励：家长应坚信"好孩子是夸出来的"教育理念，通过积极的反馈和鼓励来增强孩子的自信，避免过度批评或忽视孩子的需求。例如，当孩子在学习或生活中取得进步时，家长应及时给予肯定和鼓励。

🍀设定合理的期望：家长应根据孩子的能力设定合适的目

标和期望，避免过高的期望给孩子带来压力。家长应该接纳孩子的现状，同时鼓励他们追求自己的目标。

❀避免心理控制：父母应避免使用情感操控、引发内疚或权威专断等心理控制手段，这些做法会损害孩子的自主感和能力感，从而降低孩子自我价值感。

2. 学校应对策略

学校在孩子的成长过程中扮演着多重角色，其意义和影响深远。克服自我价值感缺失可能是一个长期的过程，重要的是要耐心和持续地支持孩子。

❀创造积极的学校环境：学校应提供一个安全、支持和鼓励的学习环境，让学生感受到被接纳和重视，帮助学生增强自信心，树立正确积极的学习信念。

❀教师的支持和理解：教师应关注学生的情感需求，提供个性化的支持，帮助学生克服学习中的困难。通过学习和完成任务，孩子能够体验到成功，这有助于建立自信和自我效能感。

❀社交技能培养：学校提供了与同龄人互动的环境，孩子可以学习如何交朋友、解决冲突、合作和参与团队活动。学校可以通过团队活动和社交技能训练，帮助学生建立和维护友谊，提高他们的社交能力，从而提升学生自我价值感。

3. 专业应对策略

心理咨询师可通过一系列专业的干预措施，帮助孩子逐步克服自我价值感缺失的问题，促进他们的心理健康和整体发展，在重建儿童自我价值感方面扮演着至关重要的角色。

🍀专业评估和干预：心理咨询师可以通过专业的评估工具和方法，确定孩子自我价值感缺失的原因，并提供相应的干预措施。

🍀认知行为疗法：心理咨询师可以运用认知行为疗法等技术，帮助孩子识别和挑战那些负面的自我认知，如"我做不到"或"我不够好"，并用更积极、现实的想法替代它们。

🍀增强自我效能感：心理咨询师通过设置适当的挑战和任务，鼓励孩子在完成任务中体验成功，从而增强孩子的自我效能感。

爱与成长的交响曲 🎵

彩绘心田：赞美之花的芬芳

在这个世界上，有一种神奇的力量，它如同阳光雨露，滋养着孩子们的心田，它就是夸奖。好孩子，并非天生，而是在一次次的鼓励和赞美中，慢慢成长起来的。记得小时候，每当我拿起画笔，总会在白纸上留下稚嫩的涂鸦。那时，我的画作里，太阳总是笑得合不拢嘴，小草也总是跳着欢快的舞蹈。母亲总是用她那温柔的声音说："瞧，我的宝贝画得多好！"她的眼中闪烁着骄傲的光芒，仿佛我真的是个小画家。那一刻，我的心中充满了温暖和力量，仿佛有一股无形的动力，推动着我去探索更多的色彩和形状。上学后，我开始学习算术和识字。每当我解出一道难题，或是读出一段艰涩的文字，老师总会摸摸我的头，笑着说："真棒，你做到了！"那份肯定如同一股清泉，滋润着我求知的心田。我知道，我并不孤单，在这条学习的道路上，有人为我鼓掌，有人为我加油。然而，成长的道路并非总是铺满鲜花。有时，我也会跌倒，也会失败。记得有一次，我在学校的演讲比赛中忘词了，站在台上，我感到前所未有的尴尬和沮丧。但是，当我低着头走下台时，我看到老师和同学们都给了我鼓励的掌声。他们的眼神中没有责备，只有理解和支持。那一刻，我明白了，失败并不可怕，重要的是我们能否站起来，继续前行。

夸奖，不仅仅是一种简单的赞美，它更是一种力量，一种能够激发孩子内在潜能的力量。它能够让孩子在遇到困难时，不轻言放弃；在遇到挑战时，勇敢地迎接。夸奖，能够让孩子在失败中看到希望，在成功中学会谦逊。

作为父母和老师，我们应该学会用欣赏的眼光去看待每一个孩子。他们的每一次尝试，每一次努力，都值得我们去夸奖，去鼓励。我们的话语，就像一颗颗种子，播撒在孩子的心田，生根发芽，最终长成参天大树。好孩子，不是骂出来的，也不是逼出来的，而是在爱与夸奖中，慢慢成长起来的。让我们都学会用夸奖去激励每一个孩子，让他们在成长的道路上，充满自信，勇往直前。

（龚晨）

第9节 阳光心态：家庭的温暖与力量

在一个被阴霾笼罩的小镇上，住着汤普森一家。这个家庭的气氛总是沉重而紧张，孩子们的脸上鲜有笑容。家中有两个小孩，艾玛和奥利弗，他们的眼神里总是带着一丝忧虑和不安。故事的开始，是在艾玛的8岁生日那天。她期待能和朋友们一起庆祝，但父母因为工作繁忙而忘记了这个重要的日子。艾玛的请求被忽视，她的失望和孤独感愈发强烈。她的父母总是忙于工作，很少有时间关注她的感受和需求。在学校，奥利弗因为一次小测试的失误而被父亲严厉批评。他的父亲总是强调成绩的重要性，却从未鼓励过他尝试和努力的过程。奥利弗开始害怕犯错，害怕再次面对父亲的失望和责备。

随着时间的推移，艾玛和奥利弗变得越来越内向和沉默。他们不再愿意尝试新事物，也不再愿意表达自己的想法和感受。家庭的紧张气氛和父母的高期望值让他们感到压力重重，他们开始相信，自己永远无法达到父母的标准。艾玛的绘画才能和奥利弗的音乐天赋，都因为缺乏鼓励和支持而逐渐被埋没。他们的梦想和热情，就像被乌云遮住的阳光，无法绽放。

汤普森夫妇并没有意识到，他们的忙碌和严苛正在逐渐侵蚀孩子们的乐观心态。他们没有意识到，孩子们需要的是理解、鼓励和支持，而不是不断的批评和压力。最终，艾玛和奥利弗都变得郁郁寡欢，他们的童年被阴影笼罩，失去了应有的色彩和欢笑。

案例解读🔍

1. 为什么艾玛和奥利弗变得郁郁寡欢？

艾玛和奥利弗成长在一个缺乏关注和认可的家庭环境中，父母的忽视、过度批评和高期望值让他们感到被忽视和压力重重，同时，他们的个人兴趣和才能没有得到足够的支持和鼓励，导致他们无法从中获得成就感和自信，加上家庭沟通的缺失和情绪内化，使得他们无法有效地表达自己的感受和需求，从而逐渐失去了乐观和积极的生活态度。

他们的故事告诉我们，家庭的氛围和父母的态度对孩子的乐观心态有着决定性的影响。一个缺乏爱和鼓励的家庭，很难培养出乐观积极的孩子，严重者甚至引发孩子抑郁症状。

2. 什么是抑郁症呢？

抑郁症，也称为抑郁障碍，是一种常见的心境障碍，其特征是持续的悲伤、焦虑、空虚或易怒情绪，以及对活动的兴趣或愉悦感的显著减少。儿童和青少年的抑郁症可能表现为情绪低落、失去兴趣、睡眠和食欲变化、能量减少、自卑感、注意力难以集中、思考死亡或自杀等。儿童抑郁症发生的原因是多方面的，涉及遗传、生物化学、环境和心理因素。此外，社会经济因素、生活压力和个人经历也与抑郁症的发生有关。

抑郁症的治疗取决于症状的严重程度，包括心理治疗和药物治疗。心理治疗，如认知行为疗法，可以帮助儿童识别和改变负面思维模式，提高应对技能。对于年幼的儿童，通常首先尝试单独进行心理治疗。对于儿童，应慎用药物治疗，并且通常在心理治疗无效时才考虑。家庭在儿童抑郁症的预防和治疗中起着至关重要的作用。家长的支持、理解和积极的教养方式可以帮助孩子建立积极的自我形象和应对策略。此外，家长应鼓励孩子参与社交活动，培养健康的生活习惯，并在必要时寻求专业帮助。值得注意的是，抑郁症是一种可以治疗的疾病，及时的诊断和治疗对改善预后至关重要。家长和教育者应提高对儿童抑郁症的认识，以便及早发现并提供适当的支持和干预。

应对策略

面对儿童抑郁症，家长和教育者需要从多个方面入手，给予孩子全方位的支持。这不仅需要情感上的温暖与耐心，还需要科学的引导与策略。

1.家庭应对策略

家庭提供给孩子的爱和支持，是孩子情感安全感的来源。家长可以帮助孩子缓解抑郁症状，促进他们的心理健康。

🍀建立信任与支持的家庭氛围：家长应与孩子建立信任关系，耐心倾听孩子的想法和感受，尊重他们的个性和需求，避免过度批评或指责。家长应与孩子建立开放的沟通渠道，让他们愿意分享自己的感受和需求。一个稳定和安全的家庭环境对孩子的健康成长至关重要。

❀提供情感支持和心理疏导：家长应通过陪伴、安慰和鼓励来减轻孩子的心理压力，帮助他们建立积极的心态。在充满爱的环境中长大的孩子，更有可能成为积极的孩子。

❀培养积极的生活习惯和兴趣爱好：家长可以帮助孩子制订规律的作息时间表，保证充足的睡眠和合理的饮食，同时鼓励孩子参加集体活动或社交场合。

2. 学校应对策略

学校是孩子成长的重要场所，它不仅提供知识和技能的教育，还对孩子的社会化、情感发展和个性形成起着至关重要的作用。

❀建立支持性环境：学校应提供一个安全、支持和鼓励的学习环境，在学校中创造一个积极、包容的环境，让学生感受到被接纳和重视，鼓励学生之间的相互支持和合作，减少欺凌行为的发生。

❀教师的支持和理解：教师应关注学生的情感需求，提供个性化的支持，帮助学生克服学习中的困难。鼓励学生与教师和同学开放沟通自己的感受和问题，减少他们的孤独感和隔离感。对于面临特殊困难或处于高风险的学生，提供个性化的关注和支持。

❀提供心理健康教育：学校应开设心理健康课程，加强心理健康教育，使学生掌握情绪管理的技巧。鼓励学生参与体育活动和户外运动，这有助于改善情绪和减轻抑郁症状。

3. 专业应对策略

心理咨询师在应对儿童抑郁状态时，可采取多种策略来帮助儿童缓解症状并改善其心理状态，制订个性化的治疗计划，并与家庭和学校紧密合作，以实现最佳的治疗效果。

🍀行为疗法：心理咨询师可以提供专业的心理评估，制订个性化的治疗计划，包括认知行为疗法、家庭治疗、情绪调节训练等。

🍀应对策略：心理咨询师可以教授孩子和家长有效的情绪调节和应对策略，帮助他们更好地管理抑郁症状。

🍀情绪支持和心理疏导：心理咨询师通过倾听和理解儿童的感受，提供情感支持，帮助他们表达和管理自己的情绪。同时心理咨询师应提供持续的心理支持和跟踪，帮助孩子和家庭应对抑郁的挑战。

爱与成长的交响曲 🎵

阳光下的成长：乐观的心态

在生命的花园里，孩子是那初绽的花蕾，而家庭便是滋养他们的沃土。乐观，如同一束温暖的阳光，穿透云层，照亮孩子的心灵，让他们在风雨中依然能够绽放笑颜。这样的乐观心态，往往源于家庭的潜移默化。在那个温馨的小屋里，妈妈总是用她那柔和的声音，讲述着每一个平凡日子里的小确幸。她教会孩子们，即使是最普通的小事，也能找到快乐的理由。爸爸则用他那宽厚的肩膀，撑起一片天空，让孩子们知道，无论遇到什么困难，都有人愿意为他们遮风挡雨。在这样的家庭里，孩子们学会了用积极的眼光看待世界。当他们跌倒时，父母会鼓励他们自己站起来，拍拍身上的尘土，继续前行。让孩子知道，每一次的失败，都是通往成功的又一步。

家庭中的爱，如同和煦的春风，吹拂着孩子们的心田。在爱的氛围中，孩子们的心灵得到了滋养，他们学会了感恩，学会了珍惜，学会了在生活的点点滴滴中寻找乐趣。他们知道，生活中不仅有挑战，更有爱和希望。然而，家庭并非总是一帆风顺。当暴风雨来临时，父母的态度，决定了孩子们面对困难的心态。在那些艰难的日子里，父母用他们的坚强和乐观，为孩子们树立了榜样。他们告诉孩子们，即使在最黑暗的夜晚，也总有黎明的到来。随着时间的流逝，孩子们逐渐长大，他们开始独自面对世界。但是，家庭给予的乐观心态，如同一盏明灯，照亮他们前行的道路。他们知道，无论未来如何，都要以积极的心态去面对，因为这是家庭给予他们最宝贵的财富。

家庭，是孩子成长的摇篮，也是他们心灵的港湾。在这个港湾里，孩子们学会了乐观，学会了坚强，学会了在生活的波涛中，做自己的船长。而这一切，都源于家庭的爱，源于父母的智慧和榜样。因此，当我们看到那些在风雨中依然能够保持微笑的孩子，我们应该意识到，他们的乐观心态，并非偶然，而是家庭长期熏陶的结果。在这样的家庭里，乐观不仅是一种心态，更是一种传承，一种生活的艺术。

（龚晨）

青春期是儿童向成人过渡的关键阶段，伴随着显著的心理和情绪变化。在这一时期，青少年的心理发展围绕着"身份认同"的建立，他们通过探索自我、独立思考和与社会角色的互动来寻找个人的定位和归属感。然而，随着身体和心理的迅速成长，青春期也充满了不确定性和挑战。青少年在这一过程中可能会面临焦虑、冲突以及对未来的迷茫，尤其当他们在自我认同的探索中遇到挫折时，容易产生"角色混乱"或情绪波动。

青春期情绪波动明显，这种波动部分源于学业压力的增加，特别是在中学阶段，学业负担和考试压力成为主要的情绪压力源。学业成绩、未来规划和竞争的焦虑常常导致青少年感到情绪紧张和不安。压力感和挫败感可能使他们的情绪更加不稳定，出现焦虑、抑郁或愤怒等情绪反应。

青春期的另一个显著特点是对独立性的强烈渴望。青少年希望逐渐摆脱对家庭和权威人物的依赖，这种渴望常常表现为情绪上的反抗。他们可能会对父母和教师的要求表现出逆反情绪，甚至发生冲突。这种情绪反抗是他们寻求自主和自我表达的一部分，但也可能导致家庭关系紧张和情绪问题的加剧。

青少年时期,同伴关系和身体形象对情绪有着深远的影响。青少年对同伴的接纳非常敏感,他们的自尊和情绪稳定性往往受到同伴评价的直接影响。同样,身体形象的变化和自我认知也对情绪产生显著影响。外界的评价,尤其是同伴的看法,会影响他们对自己身体的满意度,从而影响情绪状态。如果青少年对自己的身体形象感到不满,可能会出现自卑和情绪困扰。

因此,青春期是情绪波动显著的阶段,学业压力、独立性的渴望、同伴关系和身体形象等因素都会对青少年的情绪产生深远影响,关键在于如何帮助青少年应对这些压力源,从而建立健康的情绪管理和自我认知体系。

(项李娜)

第1节 生理蜕变:自信迎接青春期

案例故事 📖

悦悦是一位活泼开朗的小女孩,随着青春期的到来,她的身体出现了变化。每天早上,悦悦站在镜子前,看到自己的脸上布满了痘痘,皮肤也因为油脂分泌过多而显得油腻,悦悦的眼睛里充满了不安和自我怀疑。在学校里,悦悦总是疑心同学们对自己的外貌进行评论,一些无心的玩笑在悦悦心中留下了深深的痕迹,悦悦开始避免与同学们正面交流,总是低着头,试图让自己在人群中不那么显眼。

悦悦的父母总是忙于工作,很少注意到她的变化。她的姐姐虽然关心她,但在外地上大学,无法时时跟她交流,悦悦每天感到孤独和无助。渐渐地,悦悦拒绝参加任何社交活动,从前的朋友们试图邀请她，但她总是找借口拒绝。随着时间的推移，悦悦的容貌焦虑开始影响到了学业，她无心学习，成绩开始下滑。老师注意到了这一点，尝试与悦悦交谈，但悦悦拒绝与老师交流，害怕自己的问题会被更多的人知道。

案例解读 🔍

1. 为什么悦悦会出现容貌焦虑？

悦悦的容貌焦虑是由青春期生理变化、自我意识增强、社交压力、家庭环境等共同作用的结果。

🍀青春期生理变化：悦悦处于青春期，青春期激素水平的显著变化可能导致皮肤问题，如痘痘和油脂分泌增多，这些皮肤问题可能加剧了她的自我意识和焦虑。此外，随着青春期生理的快速变化，悦悦对自己的新身体形象感到陌生和不适应，难以接受这些变化。

🍀同伴和社交压力：悦悦因为容貌的变化变得焦虑、敏感，在学校中，总担心同龄人的评价和比较，产生额外的压力，这种担忧导致她在社交活动中的回避行为。

🍀家庭支持的缺失：悦悦的父母忙于工作，没有时间来关注悦悦的生理心理变化，导致悦悦在面对容貌焦虑时缺乏必要的支持和指导。

🍀自我认同的困扰：青春期是形成自我认同的关键时期，悦悦可能在探索自己的身份和角色时遇到了困难。悦悦将外貌视为自我价值的一个重要组成部分，而皮肤问题和油脂分泌可能让悦悦感到自我价值受到了威胁。

2. 青春期儿童会出现哪些生理变化？

青春期男生和女生的生理变化各有不同。

男生的青春期变化：

❀身高和体重：男生会突然长高很多，体重也会增加。

❀体型变化：肩膀变宽，上身变得更强壮。

❀毛发：开始长出腋毛和胡须。

❀声音：声音变得更低沉。

❀呼吸和心跳：随着成长，呼吸频率会减慢，心跳次数也会减少。

❀肺活量：肺活量增加，意味着能吸入更多的空气。

❀心肺功能：心脏和肺部功能变得更强。

❀血压：血压会有所上升。

❀生殖器官：阴茎和睾丸会变大，开始产生精子。

❀性发育：会出现梦遗，也就是在睡梦中射精。

❀性激素：体内的雄性激素增加，会让青春期的男孩开始对异性产生兴趣。

青春期女生的变化：

❀脂肪和体型：身体开始积累更多的脂肪，身材变得更加圆润。

❀胸部、腰部、臀部：这些部位会变得更加丰满。

❀月经周期：卵巢开始每月成熟并排出一个卵细胞。如果没有受精，子宫内膜会脱落，引起出血，这就是月经。月经通常每个月来一次，每次持续 3 到 7 天。

❀月经初潮：女生通常在 12 到 14 岁之间第一次来月经。

❀月经周期：月经周期平均是 28 天，但每个人的情况不同。刚开始月经可能不规律，这是正常现象，随着时间的推移会逐渐稳定。

应对策略

青春期儿童的生理变化容易产生容貌焦虑、社交回避等问题，家长和教育者要从多方面入手，帮助青春期儿童正视生理变化，拥抱自信。

1.家庭应对策略

家庭是青少年情感依托的主要来源，青春期儿童会遇到各种挑战和压力，家庭提供的安全感，可以帮助儿童更好地面对这些压力。

❀正确引导，拓宽对美的认识：家长要帮助悦悦树立多元的审美标准，引导悦悦接纳自己的独特性，树立正确的审美观。同时也要鼓励悦悦发展自身兴趣和提升内在品质，让悦悦明白美不仅反映在容貌上，更多的藏在健康的体魄、内心的品格和充盈的学识中。鼓励悦悦用积极的眼光关注身边美的事物。

❀多一些鼓励和肯定：悦悦因为长痘痘总是觉得自己"丑""不好看"，作为父母，与孩子聊到"容貌"的话题时，应深入了解悦悦内心的想法和焦虑的根源，避免一味批评或忽视悦悦的感受。容貌焦虑的背后是孩子内在自信不足的表现，父母的鼓励和肯定能帮助悦悦增强信心，化焦虑为前进的动力。

❀改变容貌，从健康生活开始：悦悦最大的容貌困扰是皮肤问题。导致皮肤问题的原因有很多，如作息不规律，饮食上偏爱甜食、辛辣刺激和油炸食品，不合理的护肤习惯，不爱运动等。想要解决这些问题，还是要从健康的生活习惯做起。作为家长，要帮助悦悦培养健康的饮食习惯，为悦悦准备一些少油低糖的健康正餐，争取做到均衡饮食。还可以鼓励悦悦养成体育锻炼的习惯，如每周跑步三天，日常进行背部训练或者腹部训练等，让孩子动起来，培养积极的身体形象，也有助于提升自信。

2. 学校应对策略

🍀开展主题班会，重视美学教育：教师可以通过主题班会引导学生认识到美是多元的，鼓励学生发现和欣赏自己和他人"美"的特质，如认真、自信等。学校也应加强美育教育，通过美育课程，如音乐、美术、书法、舞蹈等，培养学生的审美情趣和创造力，让学生在艺术实践中体验和欣赏美。美育不仅仅是技能的教授，更是心灵教育和情操教育，能够提升学生的审美和人文素养。

🍀同伴支持，营造良好氛围：在学校中建立同伴支持小组，让悦悦在小组中分享自己的感受和经验，互相鼓励和支持。同伴之间的正面交流和理解可以帮助减轻个体的容貌焦虑，同时也让青春期的孩童们正确认识生理变化，勇敢面对。

3. 专业应对策略

🍀心理咨询与治疗：如果悦悦的焦虑感很强烈，可以寻求专业心理咨询师的帮助。通过专业心理咨询师的帮助，识别和处理容貌焦虑的根源。例如认知行为疗法等心理治疗方法可以用来改变负面思维模式，提高自尊和自我效能感。

❀媒体素养教育：引导悦悦客观看待媒体中关于美的呈现，认识到媒体图像往往是经过修饰的，并不代表现实。帮助她建立对社交媒体内容的辨识能力，减少媒体对自我形象的负面影响。

❀教师专业培训：对教师进行专业培训，使他们能够识别和应对学生的容貌焦虑问题，提供适当的指导和帮助。专业培训也可以指导教师如何组织学生参与社会实践活动，通过服务社会、了解不同文化和生活方式，增进对美的多元理解。

爱与成长的交响曲 ♪

青春的蜕变

青春期孩童经历生理和心理的剧烈改变，容易产生容貌焦虑。在这一关键时期，家庭、学校与社会的携手同行，提供了不可或缺的支持。心灵的抚慰、环境的滋养、专业的疗愈，共同助力青少年学会应对容貌引发的不安，逐步塑造坚定的自我认同和自信心。

悦悦的成长故事，如同一面镜子，映照出一个青春期女孩的蜕变之旅。在这场旅途中，家长的陪伴、教师的启迪、心理咨询师的指引，汇聚成一股温暖的力量，共同支撑着悦悦跨越焦虑的荆棘。每一次深入的对话、每一次耐心地倾听、每一次鼓励的言语，皆成为悦悦战胜内心恐惧、树立自信的坚实基石。

这些情感的纽带，不仅赋予了悦悦直面自我的勇气，也为每一个家庭和学校带来了温暖与力量。

当青少年面临容貌焦虑的阴霾时，让我们不回避、不忽视。深刻理解他们的内心需求，以坚定的支持和悉心的引导，伴随他们一步步构建起自我价值的大厦，迎接更加辉煌的未来。这不仅是青少年的个人成长，更是我们共同的成长历程。让我们携手，以理解与信任为翼，陪伴青少年翱翔在成长的蓝天，探索未来的无限可能。

（曹均艳）

第 2 节　疏导心灵，化解孩子的逆反心理

案例故事 📖

　　明明是一位 14 岁的初二学生，最近经常顶撞父母和老师。在学校里，他尤其喜欢反抗，每当老师批评他时，就两眼一白，一副不服气的样子。课堂上也故意讲话，扰乱课堂秩序，课后不完成作业。不久，明明的学习成绩明显下降，还亮起了"红灯"。老师叫他去办公室，他不去，老师一拉他，他就死死抓住课桌不走，老师找他谈话，他双手插在裤子口袋里频频点头，但回到教室并无改变。班主任对此进行了家访，明明父母态度较好，表示会好好教育明明，但是过后明明在学校依旧我行我素，顶撞老师，还打同年级的学生。问明明为什

么打人，明明就说看同学不顺眼。面对这样的情况，该怎么办？

案例解读 🔍

1. 什么是逆反心理？

逆反心理在心理学上又叫控制心理，它是指行为主体按照特定的标准或社会规范对人们进行引导和控制时，行为客体产生的反向心理活动。逆反心理是青春期儿童经常出现的一种心理，也是一种十分正常的心理现象。逆反心理若不及时矫正，会影响到青春期孩童的生活和学习。案例中的明明处在中学阶段，正是接受教育的时期，面对未知事物的时候没有正确的认知，与其他人产生一些不同的意见，而为了保护自己，像明明这样的青少年往往会产生一些激烈的行为来抵制这些不同的意见，这就是一种典型的存在逆反心理的行为。

2. 孩子形成逆反心理的原因是什么？

孩子逆反心理的形成受生理因素、心理因素、环境因素及社会因素等多方面的影响。

生理因素：中学阶段是生长发育的重要时期，由于身体内分泌增多，身体发育较快，第二性征出现，在性别上表现出明显的区别，身体各方面特征与成人趋近。这个时期的青少年与之前相比有了明显的变化，容易因为对这些变化的不适应而产生害怕或抗拒的心理，心思也更加敏感。生理上的变化对学生的逆反心理的产生有一定的影响。

心理因素：明明的逆反行为反映出他自我意识的觉醒和对

独立性的追求。青春期的孩子们自尊心增强，渴望获得自由，拥有掌控自己生活的权利。他们认为自己已经成熟，希望被视为成年人，而不是被当作孩子对待。这种心理断乳期的挣扎，使得青少年对父母和老师的指导和期望产生抵触，渴望表达自己的观点和感受，同时又担心隐私被侵犯。当他们感觉到父母和老师的要求限制了他们的自主权时，就可能采用逆反的行为来维护自己的独立性。

环境因素：在许多中国家庭中，父母对孩子的期望往往很高，这种高期望可能转化为压力，导致孩子对学习和家庭产生抵触情绪。家长的教育方式，如过度严厉或强制性的要求，可能在孩子心中引发反抗。当孩子进入青春期时，这种反抗可能变得更加明显，他们可能会通过逆反行为来表达对权威的不满和对自主性的追求。

社会因素：现代社会处在信息爆炸的时代，互联网的普及和社交媒体的兴起，为青少年提供了探索世界的窗口，但同时也带来了复杂的信息和价值观。青少年可能受到网络文化中负面因素的影响，如暴力游戏、不实信息和追求关注的行为，这些因素可能导致他们形成错误的价值观和行为模式。在模仿和探索的过程中，他们可能会产生与社会期望和家庭价值观相悖的行为，从而表现出叛逆心理。

应对策略

1. 家庭应对策略

🍀改变沟通方式，正面表达情绪：作为父母，需要理解孩子的逆反心理，尊重他们的独立性和个性，避免简单粗暴地命令和批评。家长可以正面表达自己的情绪，可以和孩子探讨："你可以做什么？你有能力做什么？你怎么做可以做得更好？"如果孩子犯了错误，家长也只针对犯错误的行为进行惩罚，而不针对孩子本人，让孩子明白家长的爱是无条件但有限制的，这样既让孩子掌握了做事的分寸和规则，又得到了家长最无私和热烈的爱。

☘增进理解，给予自主权：家长需要意识到明明已经产生了自我意识，尊重明明的个性和独立性，理解他正处于心理和生理变化的青春期。在日常生活中，给予明明适当的自主权，让他在安全和合理的范围内做出选择和决策，这有助于培养他的责任感和自我管理能力。

2. 教师应对策略

☘引导学生正确认识逆反心理：逆反心理是学生在青春期很容易产生的心理，教师应帮助学生理解逆反心理是青春期的正常现象，通过心理健康教育，让他们认识到逆反心理也有积极的一面，如促进独立性和创造性的发展。教师可以通过课堂讨论、案例分析等方式，让明明和其他学生一起探讨逆反心理的成因和表现，以及如何积极地应对。

☘真正了解学生，给予学生尊重：教师需要深入了解学生的内心世界，包括他们的兴趣、困扰和需求。不要因为学生的几次不良表现，就对学生随便下定论，而应该通过各种方式了解学生。在本案例中，教师可查看明明的学习档案，在课堂上观察明明表现，利用课间多与明明沟通，了解明明产生各种行为的真实原因。观察和交流也能帮助教师更好地理解明明产生逆反行为的原因，并给予他适当的尊重和支持。教师应避免在同学面前批评或惩罚明明，保护他的自尊心。

🍀及时与家长沟通，共同促进孩子健康成长：家庭对学生的逆反心理有很大的影响，学生的发展与家庭和学校是否建立了教育一致性有直接关系。因此教师要及时与家长沟通，引导家长采取适当的家庭教育方式，共同促进学生的心理健康发展。教师可以采取召开家长会、给家长打电话或家访等方式与家长进行及时的沟通交流，让家长了解到经常与孩子沟通的重要性，不要只关注学生的学业成绩，也应该关注学生的心理健康，发挥学生各方面特长，促进学生个性发展。同时引导家长充分了解孩子的逆反心理，认识到逆反心理的积极方面，采取统一的教育态度，尽量使用民主型的教养方式，帮助孩子克服逆反心理。

3. 专业应对策略

🍀认知行为疗法：这是一种常用的心理治疗方法，可以帮助明明识别和改变负面思维模式。通过认知行为疗法，明明可以学习如何以更积极的方式看待自己和周围的环境，减少逆反情绪。

🍀社交技能训练：通过角色扮演和模仿等技巧，帮助明明提高与人交往的能力，增强自信，减少因社交压力导致的逆反行为。

🍀家庭治疗：家庭治疗师可以通过专业的技术和方法，帮助家庭成员改善沟通方式，增进理解和支持，共同解决明明的逆反问题。家庭治疗可以帮助家庭成员看到彼此的需求和期望，以及如何更好地满足这些需求。

🍀情绪调节训练：教育明明如何识别和管理自己的情绪，提供有效的情绪调节技巧，如深呼吸、放松训练和积极思考，帮助他更好地控制自己的情绪波动。

爱与成长的交响曲 🎼

明明的青春逆反与心灵之桥

14岁的明明正处于逆反期，多次顶撞师长，扰乱课堂秩序，学习成绩下滑。面对这一情况，家长与教师需携手共绘一幅引导与理解的画卷。

作为家长，应如春日细雨，轻柔地滋润明明的心田。通过平等对话的桥梁，正面表达情感，让明明感受到被尊重与理解的温暖。赋予明明适度的自主权，让明明在责任与挑战中学会自我驾驭，让成长的航船在自由的海洋中扬帆远航。

作为教师，了解明明内心世界，以智慧的光芒照亮他心灵的每一个角落。尊重明明的独特个性，如同园丁呵护每一朵独特的花朵，让其在自然的光照下茁壮成长。通过心理健康教育的灯塔，引导明明正视逆反心理的风暴。专业心理咨询的助力如同星辰指引方向，为明明铺设了一条通往自我认知与成长的道路。

在爱的引导下让明明重新找回自我，勇敢面对青春的挑战。

（曹均艳）

第3节 引导孩子走出"作对"的迷局

14 岁的华华原本是邻里眼中的模范小孩，是父母的骄傲，他成绩优异，性格温和。然而，随着青春期的到来，华华开始经历着显著的变化。他不再是那个总是顺从父母意见的乖孩子，反而变得喜欢争辩，甚至挑衅。每天放学后，华华不再是直奔书房，而是沉浸在网络游戏的世界里，对父母的提醒和劝告充耳不闻。华华开始质疑父母的每一项规定，从晚上的宵禁时间到家务的分配，再到学习计划的安排，华华似乎总能找到反对的理由。他的父母对此感到困惑和无助。他们不明白，那个曾经乖巧听话的儿子，为何突然变得如此难以沟通。

华华的父亲是一个严肃而传统的人，试图通过加强家规来管教儿子，但这种方法只让华华更加叛逆。他的母亲尝试用爱和耐心来感化华华，却往往被他的冷漠和不耐烦伤害。家庭的氛围变得越来越紧张，争吵和沉默成为日常的主旋律。在一次激烈的争吵后，华华愤怒地冲出了家门，留下了一脸无奈的父母。那一夜，华华的父母彻夜未眠，他们开始反思自己的教育方式，意识到可能需要改变与儿子的互动模式。他们决定寻求专业的帮助，联系了学校的心理咨询师，希望能找到与华华沟通的新途径。

孩子为什么处处与父母作对?

华华处处与父母作对,可能是由于自我意识增强、对权威的挑战、情绪调节困难等原因形成。理解这些原因有助于家长和教育者更好地理解华华的行为,并采取适当的措施来支持他的成长和发展。

🍀自我意识的增强:青春期是个体自我意识迅速发展的时期,华华正处于探索自己的身份和独立性的时期,表现为试图通过反抗父母的规定来表达自己的个性和自主权。

🍀对权威的挑战:青春期的孩子常常对权威产生怀疑,在家庭中,父母往往作为权威,华华与父母作对其实是对权威的挑战,以此来证明自己的成熟和独立。华华父亲在家庭教育方式中以命令和控制为主,容易引起华华的不满。

🍀情绪调节困难:青春期儿童存在在情绪调节方面的困扰,他们可能不知道如何以健康的方式表达和处理自己的情绪。

🍀对规则和限制的不满:华华的父母制订了更严格的规则,作为青春期儿童,华华的自主意识增强,认为这些规则限制了他的自由,因此通过反抗来表达不满。

应对策略 ✏️

1. 家庭应对策略

针对华华处处与父母作对的行为,以下是一些应对策略,旨在帮助华华的父母改善与儿子的关系,促进有效沟通,并引导华华健康成长。

❀增强理解与接纳，改善沟通方式：父母要认识到青春期是孩子成长过程中的一个自然阶段，伴随着生理、心理的巨大变化。理解这些变化是前提，接纳华华当前的行为和情绪状态，避免过度指责或否定。采用开放式沟通，鼓励他表达自己的感受和想法，即使这些想法与父母的不同。倾听时保持耐心，避免打断或立即反驳，让华华感到被尊重和理解。同时，父母也应清晰地表达自己的期望和担忧，以建设性的方式提出意见。

❀设定合理的界限和规则：在尊重华华自主性的同时，父母仍需设定合理的家庭规则和界限。这些规则应与华华共同讨论制订，让他参与决策过程，从而增加其遵守规则的意愿。同时，规则应明确、具体、可执行，并配以合理的奖惩机制。

❀鼓励兴趣爱好：引导华华将注意力从网络游戏转移到更健康的兴趣爱好上，如体育运动、艺术创作、阅读等。这些活动不仅有助于释放压力，还能培养华华的社交能力和团队合作精神。

❀寻求专业帮助：正如华华父母已经做的那样，寻求学校心理咨询师或其他专业机构的帮助是非常明智的选择。专业人士可以提供更具体的建议和方法，帮助家庭解决沟通障碍，改善亲子关系。

❀父母自我成长，增强家庭凝聚力：作为父母，也应不断学习育儿知识，了解青春期孩子的心理特点和需求。通过自我反思和调整教育方式，以更加成熟和包容的态度面对华华的成长变化。可以组织家庭活动，如户外郊游、共同做饭、观看电影等，以增进家庭成员之间的情感联系。这些活动有助于缓解紧张的家庭氛围，让华华感受到家庭的温暖和支持。

2.学校应对策略

🍀开设心理健康教育课程：将心理健康教育纳入学校课程体系，通过课程讲解、案例分析等方式，帮助学生了解青春期的心理变化，认识逆反心理产生的原因和应对方法。还可以设立专门的心理咨询室，配备专业的心理咨询师，为学生提供一对一的咨询服务。学生可以在这里倾诉自己的烦恼，获得专业的心理支持和建议。

🍀促进家校合作：定期组织家长会，向家长介绍学生在校表现和心理状况，共同探讨孩子的教育方法。鼓励家长分享自己的经验和困惑，形成家校共育的良好氛围。同时建立家校联系机制，通过电话、微信等方式，教师可以及时向家长反馈学生的在校情况，家长也可以随时向教师咨询和反映问题。

🍀优化班级管理：班主任和任课教师应共同努力，营造一个积极向上、和谐友爱的班级氛围。通过组织班级活动、开展团队合作等方式，增强学生的集体归属感和责任感。针对华华等具有逆反心理的学生，教师应采用个性化的教育方法。了解学生的兴趣爱好和特长，鼓励其参与适合自己的活动和课程，激发其学习动力和自信心。

🍀制订合理规则与引导：制订明确、合理的学校规章制度，让学生清楚知道哪些行为是允许的，哪些是不被允许的。同时，要确保规章制度的执行公正、公平。在制订班级或学校的规章制度时，可以邀请学生代表参与讨论和制订过程，让学生感受到被尊重和被重视，从而增强其遵守规则的意愿。

3. 专业应对策略

华华在与父母的相处中，出现难以沟通、不耐烦的现象。从专业的角度，心理治疗师可以通过建立信任关系、认知调整与情绪管理、家庭治疗、行为干预与引导等方式有效改善华华及其家庭的关系，促进他的健康成长。

建立信任关系

🍀倾听与共情：心理治疗师需要展现出高度的倾听能力和共情能力，耐心倾听华华的感受和想法，表达对他的理解和共情。通过积极倾听，建立与华华之间的信任关系，让他感受到被尊重和理解。这种氛围有助于建立稳固的治疗联盟，为后续的心理治疗过程打下基础。

🍀无条件接纳：心理治疗师应无条件接纳华华的所有情绪和行为，包括叛逆和挑衅，这种接纳态度有助于华华放松警惕，更愿意敞开心扉。

认知调整与情绪管理

🍀认知重构：帮助华华识别并挑战那些负面的、不合理的想法，如"我做什么都是错的""父母不理解我"等。通过引导他反思和评估这些想法的合理性，培养更加积极、健康的思维方式。

🍀情绪管理技巧：教授华华有效的情绪管理技巧，如深呼吸、放松训练、正念冥想等。这些技巧有助于他在面对压力和挑战时保持冷静和理智。

家庭治疗

🍀家庭沟通模式：心理治疗师可以介入家庭沟通模式，帮助华华及其父母建立更加开放和健康的沟通方式。通过角色扮演、家庭会议等形式，促进家庭成员之间的理解和支持。与家庭成员共同讨论并制订合理的家庭规则和界限。这些规则应基于家庭成员的共识，并考虑到华华的成长需求和个性特点。

行为干预与引导

🍀正向激励：鼓励华华参与有益的活动和兴趣爱好，如体育运动、艺术创作等。通过正向激励和奖励机制，增强他的积极性和自信心。

🍀行为契约：与华华共同制订行为契约，明确他应遵守的规则和期望的行为。同时，制订相应的奖励和惩罚措施，以确保契约的执行力。

爱与成长的交响曲 ♪

华华的成长之路

进入青春期的华华，开始有自己的想法和脾气。他不再像小时候那样听话，家里常常因为他的一些行为而气氛紧张。这其实是因为他在长大，开始思考自己是谁，对大人的话也开始有了疑问，情绪也容易波动，还不太喜欢别人给他定的规矩。面对这样的变化，华华的父母需要更加理解他，不管他怎么样，都要爱他、接受他。父母要学会用温和的方式跟他说话，多倾听他心里的想法和感受，而不是一上来就批评或强迫他做什么。

父母可以和华华一起商量，制订一些家里都要遵守的规则，同时考虑华华的感受，让华华觉得这些规则是公平的，是他自己也愿意遵守的。鼓励华华去做一些他喜欢的事情，比如运动、画画、读书等，让他的生活更加丰富多彩，也能帮助他更好地平衡虚拟世界和现实生活。此外，寻求专业的心理咨询通过建立稳固的信任桥梁，运用认知行为疗法帮助华华调整扭曲的思维模式，教给他有效的情绪管理技巧，以更成熟的态度面对成长的烦恼。总的来说，面对华华的青春期变化，父母需要更多的耐心、理解和爱，陪伴他一起走过这段特殊的成长之路。

（曹均艳）

第4节　安抚心灵，回应孩子的情绪波澜

案例故事

中秋佳节，阖家团圆。小波的叔叔一家专程从宁波赶来上海过中秋。一进门，叔叔家5岁的小弟弟汉堡就被哥哥搭建的各种乐高模型吸引，哇哇哇地发出崇拜的尖叫声，并上手摸小波最喜欢的航空母舰模型。小波见状立即制止了弟弟："汉堡，这些不可以乱动！""我不！我不！我就要玩这个！"弟弟毫不在意。"小波，你是哥哥，弟弟好不容易从宁波来，就把你的玩具给他玩一会儿，下次你再拼一个。"妈妈看要吵起来了，赶紧劝小波。"啪！"一声巨响，航空母舰被摔了下来，散落到客厅各处。"我说了不要动我的东西！不要动！不要动！你们为什么不听！你们知道我花了多少时间搭这个模型吗？""小波你听话哈，东西摔了就摔了，

弟弟也不是故意的，咱们明天再拼一次，或者明天我再帮你买一个新的拼图。"爸爸见小波生气赶紧打圆场。谁承想，听爸爸这么说，小波更生气了，砰的一声，摔门把自己关在了房间，任凭叔叔一家在外面道歉也不愿开门。妈妈尴尬地解释："最近我家这样的冲突挺多的，很多事情他不满意就会发脾气，有一次还跑出去了，我们找了一晚上才在游戏厅找到，他爸爸气得狠狠地打了他一顿。"

案例解读🔍

1. 小波怎么了？

很多有青春期孩子的家庭想必这样的场面并不陌生。整个家庭可能上一秒还开开心心，下一秒就经历"暴风骤雨"。那这种"暴风骤雨"是怎么形成的呢？让我们从生物学角度切入。青春期通常被划分为三个发展阶段：早期、中期和晚期，其中中期的变化最为显著，也是家长们最为头疼的时期，大多发生在 12 至 18 岁。在这个时期，男孩们身高迅速增长，体格变得更加健壮，女孩们也开始经历身体的发育，她们的外在特征逐渐成熟，接近成年人的标准。然而，尽管外表上接近成人，他们的大脑成熟度却只有成人的大约 80%。例如，前额叶皮层与其他脑区的连接还不够紧密，而情绪控制的关键区域——杏仁核，仍然对肾上腺素和其他体内激素高度敏感。这个小小的器官，往往就像一个易燃的火药桶，一点小火星就能引发爆炸，导致青春期孩子表现出易怒、注意力分散和叛逆的行为。这些生理上的不成熟是他们这些行为表现的根源。在适应身体快速变化的同时，青少年还必须面对学业压力、社交关系的挑战以及与父母的关系紧张,这些因素都可能使他们感到急躁和易怒。对于青少年而言，父母，尤其是母亲，往往成为他们情绪发泄的对象。他们在外面为了维护形象和适应同龄人的期望，通常会压抑自己的情绪，但一旦回到家中，他们可能会因为放松和寻求自主权而与父母产生冲突，这时他们的负面情绪就会更加直接地表现出来。

2. 青春期的孩子情绪行为表现是怎样的?

青少年时期是一个充满挑战的阶段，他们常常在自我认知上感到迷茫，心理上容易遭受打击，因此经常体验到一系列负面情绪，如急躁、紧张、易怒、不安、焦虑、沮丧、孤独和厌烦。在行为上，他们可能会大哭、大喊大叫、摔门、摔东西、离家出走，更有甚者会欺负比自己弱小的同学或虐待小动物。而另一些孩子则会出现头痛、头晕、肚子痛、恶心、呕吐等躯体化的表现。

在小波的故事里，我们清晰地看到了家庭遭遇的"暴风骤雨"，很久不见的一家子原本要开开心心过节，但因为弟弟无意间弄坏了小波心爱的航空母舰模型，导致小波情绪暴发，愤怒至极，大喊大叫，摔门，把自己关在房间内，妈妈还说小波曾发脾气离家出走。在小波带来情绪风暴的同时，我们也可以看到父母明显的应激提高，在看到小波要发脾气时，爸爸妈妈轮番上场试图，缓解即将或者已经发生的冲突，甚至曾经动手教育孩子。但因为回应的方式不对，小波似乎并没有被安慰到，甚至更加愤怒，导致与父母的矛盾进一步激化。

应对策略

面对青春期孩子的情绪风暴，家庭、学校及专业机构能提供什么样的帮助，让孩子感觉到我们对他们是重视、贴心的呢？

1. 家庭应对策略

青春期是一个充斥着生理和心理各方压力的时期，家庭应该成为孩子可以放松和感受温暖的地方，而不是另一个斗争的场所，尊重、协商的家庭氛围对保护青春期孩子的情绪健康尤为关键。

❀尊重孩子的情绪：情绪没有好坏之分，当孩子发生当下的情绪时，一定是在向我们传达他想表达的信息。当小波说"汉堡，这些不可以乱动"，这其实体现了他的焦虑不安，也许这个模型是重要的人送给他的礼物，亦或者他花了很长时间去完成的。父母在听到这句话时，需要很快意识到这个东西对孩子的重要性，从而去肯定他此刻的着急，而不是说"你是哥哥，需要让着弟弟"，可以回应说："汉堡，这个东西是哥哥花了很久的时间完成的，如果你想玩需要征求哥哥的同意哦，或者如果哥哥愿意的话，可以让他给你讲讲这个模型好玩的地方呢。"当父母看到了孩子当下的情绪，尊重孩子的意愿，孩子可以自由选择时，冲突也许可以避免。

❀帮助孩子命名自己的情绪：当孩子遇到挫折或者不想要的结果时，瞬间会暴怒，大喊大叫，口出伤人的话，这个时候父母需要帮助孩子命名自己的情绪，让孩子知道我的情绪被父母看到了，引导孩子正视及处理情绪。当小波突然愤怒地咆哮说"你们总是动我东西！"时，父母要了解孩子此刻的愤怒情绪，可以说："小波，我们看到了你很愤怒，你很生气，明明已经说了不要动，弟弟还是动了。弟弟还小，我们刚才应该及时制止他，我们也有责任。你看要不我们先吃饭，吃完饭，爸爸、妈妈、叔叔、汉堡和你，我们一起再把这个拼图完成，当作我们今年中秋娱乐的新项目，如何？"

🍀勇于表达我们自己的情绪，给孩子做好榜样：中国的父母多是含蓄内敛的，总是觉得"我是家里的顶梁柱，我不能倒下"，或者认为"我为你放弃了工作、社交"，故而在遇到困难，情绪欠佳时，他们隐忍不说或者通过打骂孩子发泄他们的情绪。当孩子也陷入情绪中时，他们是很难看到孩子背后的想法，怨气就越积越大，甚至上升到肢体冲突。当小波因为小事离家出走时，父亲可以告诉他："昨天晚上你没有回来，我和妈妈都很着急，我们一整晚都在外面找你，我们急坏了。昨天我没有了解情况就打你是我不对，我工作一天很累，回家看你还在打游戏，火气一下上来了，后来跟妈妈了解了你是完成作业后才玩的，对不起！"通过父母推心置腹地解释，让孩子了解父母的处境，当他被误解时，也能正确表达自己的想法，澄清自己。

2. 学校应对策略

相比家里，学校也是孩子发生冲突，导致情绪不稳定的重要场所，那么学校应该做些什么来缓解孩子的情绪及行为呢？

🍀营造包容、开放的集体氛围：当老师发现孩子近期情绪不稳定，经常与同学间发生冲突时，可以找周围的同学了解情况，再找双方当事人一同就发生的事情进行解释、协商后续的解决办法。避免维护"好学生"，指责"坏学生"，让每个学生都能平等对话。

🍀与家长紧密沟通：当我们在学校发现孩子近期情绪波动时，需要及时联系家长，了解孩子近期在家中是否发生了特别的事情，是否跟父母沟通过近期遇到的困难，近期在家的情绪状态等，以便更全面地掌握发生情绪波动的第一手材料。

🍀注意沟通的场合，避免当众指责：当青春期孩子犯错，或者情绪冲动时，为了"杀鸡儆猴"，有时老师会当众对其进行指责，从而期望能对其他同学起到警示作用。青春期的孩子冲动又敏感，当众的指责会让其"破罐子破摔"，可能向着反方向行动。尊重孩子的"面子"，当发现问题时私下沟通、协商，不仅让孩子感到被重视，更维护了孩子的自尊。

3. 专业应对策略

在与小波发生多次冲突后，家庭成员一致认为需要找心理医生进行心理疏导，以便能够平稳度过目前特殊的时期。

🍀理性情绪疗法：在心理咨询门诊，黄医生通过家庭的叙述，了解到家庭成员情绪与行为之间不合理的信念，鼓励家庭成员对自己的问题负责，家庭成员之间放弃原来的非理性观念，将其修正为合理的信念。比如在这个过程中，让爸爸妈妈不要一看到小波玩游戏就说小波学坏，不务正业，开启谩骂模式，在完成作业的前提下，有时适度的娱乐反而能促进学习的进步。

🍀家庭治疗：通过与家庭的工作，黄医生了解了家庭成员间沟通的模式，通过从家庭系统的角度去解释个人的行为与问题，个人的改变带动家庭整体的改变。

❀辩证行为治疗：引导小波在目前特殊时期能识别自己的情绪，并通过转移注意力、自我安抚等方法应对痛苦，运用非对抗、非破坏的方式调整情绪，通过改善人际关系，提高自信，缓解人际冲突。

爱与成长的交响曲 ♪

情绪的跷跷板，爱是力量

青少年在生理、心理、社会和情感方面的发展与儿童期相比有着显著的差异，这对我们的教育方法提出了新的要求。如果我们继续使用对待儿童的教育方式，不仅可能增加亲子间的矛盾，导致关系紧张，还可能阻碍孩子的认知成长，并对情感健康产生负面影响。当孩子进入青春期时，我们可能会注意到孩子出现了"叛逆"行为，并急于解决这些问题。然而，"叛逆"并不是孩子出现问题的标志，而是我们的教育方式需要更新的信号，意味着我们未能随着孩子进入青春期而调整自己的教育策略。在儿童期，孩子的成长主要在我们创造的安全环境中进行，教育模式以父母为主导，负责照顾、安排和引导孩子；而青春期的孩子则需要独立和自我探索，因此教育模式也应从主导转变为支持和帮助，给予孩子更多自主决策的空间，让他们自己处理生活和学习中的问题，并承担相应的责任，特别是要给予孩子表达自己观点和看法的自由。随着孩子逐渐从家庭独立出来，转向朋友和社会，父母也需要开始自己的"独立"过程，将教育重心转移到帮助和支持上，建立与孩子成长阶段相匹配的新教育模式。

（黄烨）

第 5 节　尊重隐私：守护孩子的小秘密

案例故事 📖

今天下班后，我在小区内的花园里碰到了邻居妞妞，一脸愁容，来回走动，我走过去热情地问："妞妞，放学了怎么不回家？"小姑娘只看了我一眼，低下头说："阿姨，我不想回家，家里太压抑了。"妞妞的话语让我非常惊愕，我从小看着长大的小妮子活泼外向开朗，如今怎这般沮丧？在我的追问下，妞妞说："阿姨，最近我们班有个男生给我写了封信，表达了对我的好感，希望我们能好好学习，共同进步。我也没多想，还挺开心的，因为有人认可我。我看完信就随手塞到了书包里。结果周一我妈妈气冲冲地拿着信质问我是不是谈恋爱了？不停地给我讲道理、讲早恋的危害。昨天早上甚至跑到我们班上，找到那个男生骂他。阿姨，你知道吗？当我在学校看到我妈妈的时候，真想找个地缝钻进去！同学会怎么看我？我跟那个男生接下来怎么相处？我都 13 岁了，我能不能有自己的空间？我能不能自己处理自己的事情？"说罢，竟自顾自地哭了起来。

案例解读🔍

1. 妞妞为什么不想回家？

　　看着妞妞这般难过，作为心理医生的我说："走，阿姨跟你一起回去。"来到妞妞家，妞妞的妈妈李女士看到我们很惊讶，她也第一时间看到了妞妞脸上的泪痕，关心地问："这是怎么了，妞妞，你怎么哭了？"妞妞别过脸去不回答。"她告诉我最近发生了一些事，她有点难过，不是很想回家。""你是说我翻她书包，发现了她早恋这件事？""我没有早恋！"妞妞咆哮着说，"我已经 13 岁了，你没有经过我的允许翻我书包，无端指责我，给我讲大道理，最过分的是竟然跑到我的学校大吵大闹！我以后怎么面对同学？"说完又呜呜呜地哭了起来。李女士一脸错愕："我以前不是一直帮你整理书包的吗？又不是一天两天了。这么小就写情书，我不是怕你们耽误学习吗？"话语明显没了底气，李女士转头求助我："我这么做难道不对吗？"我说："妞妞妈妈，随着孩子们逐渐成熟，他们的生活经历、知识储备和情感体验都在不断增长，他们的自我认知和自尊心也在不断提升，这导致他们开始更加珍视个人隐私。然而，许多家长并没有意识到孩子们正在经历这样的成长过程，他们忽视了孩子们也有权拥有自己的小秘密。一些家长可能认为自己作为父母，有权不受限制地进入孩子的私人空间，随意闯入孩子的私密领域，甚至采取一些侵犯性的行动，比如私自拆阅孩子的信件、监听电话或偷看日记。这些行为会让孩子们感到自己的隐私被侵犯，感到不被尊重。如果这种情况持续下去，孩子们可能会失去对父母的信任，转而选择与父母对抗。这也是妞妞不愿意回家的原因。"

2. 破坏孩子的隐私，会给孩子带来什么影响呢？

"那我之前做的这些事会给孩子带来什么影响？"李女士小心地问。我说："首先，破坏孩子的隐私，可能让孩子的社交能力受损，孩子可能会形成一种观念，即认为秘密是可以被随意分享的。在与他人交往时，他们可能会模仿父母的行为，试图挖掘他人的秘密或不断询问他人的秘密，这可能会引起他人的反感，从而影响孩子的社交关系。其次是安全感缺失，孩子可能会感到自己的一切都被父母所了解，从而感到不被尊重和缺乏安全感。这种感受可能会让孩子感到内心的不安和痛苦。最后还可能对父母产生敌意，青春期的孩子往往情绪波动较大，并且渴望独立。如果父母过度干涉孩子的私事，可能会激发孩子的反抗心理，认为父母没有给予他们应有的尊重。这可能导致孩子不再尊重父母，甚至将父母视为对手。为了维护孩子的心理健康和良好的亲子关系，父母应该尊重孩子的隐私，通过建立信任和开放的沟通来了解孩子的想法和感受，而不是通过侵犯隐私的方式来了解孩子。这样才可以建立更加健康积极的亲子关系。"

应对策略

尊重孩子的隐私，对于他们的健康成长至关重要，家长、学校及专业机构可以共同为孩子营造一个尊重隐私的成长环境，帮助他们建立健康的自我认同和社交能力。

1.家庭应对策略

在家庭教育中，随着孩子逐渐长大，他们对个人隐私的需求会日益增强。父母在这一过程中扮演着至关重要的角色，他们的行为和态度对孩子的隐私观念有着深远的影响。以下是父母可以采取的一些措施，以更好地尊重和保护孩子的隐私。

❀尊重孩子的个性和独立性：每个孩子都是独特的个体，他们有自己的思想、情感和需求。父母应该认识到孩子不是自己的延伸，而是一个独立的人，他们有权拥有自己的空间和秘密。鼓励孩子在遇到问题或困难时与父母沟通，通过成为孩子的朋友，父母可以更自然地了解孩子的生活和想法。这种平等和尊重的关系有助于孩子在有愿意的时候自愿分享他们的秘密。

❀教育孩子如何保护自己的隐私，并尊重孩子的隐私权：这包括不随意查看孩子的私人物品，如日记、手机等，除非孩子同意。

❀在孩子需要时提供指导和支持，帮助他们处理可能遇到的困难和挑战：这种支持应该是无条件的，让孩子感到无论何时何地，父母都是他们最坚强的后盾。通过这些方法，父母不仅能够尊重孩子的隐私，还能帮助孩子建立健康的自我认同，学会独立思考和解决问题。这样的亲子关系更加和谐，也更有利于孩子的全面发展。

2.学校应对策略

在学校环境中，隐私保护对于维护青少年的自尊、自信同样重要。

🍀学校应确保学生的个人空间不受非法侵入和窥视：这包括不公开学生的考试成绩、名次等学业信息。建立完善的信息查询制度，对于学生的个人信息，包括姓名、学号、电话、信件、电子邮件、成绩等，除非本人或监护人授权，任何个人不能查阅及公开这些信息。

🍀避免歧视和标签化：学校应避免因学生的成绩或其他特征进行歧视或标签化，不能对成绩差的同学进行排名，非必要不公开处罚。学校应注重教育公平，不因学生的家庭背景或其他非学业因素而给予不同待遇，做到"人人平等"。

🍀与家长建立有效的沟通机制：通过家访、开家长会等方式保持与家长的联系。针对学生的特殊情况，在涉及个人隐私方面，单独与家长沟通，避免公众场合的指责。

3. 专业应对策略

在李女士的再三要求下，我的同事对妞妞的情绪状态做了专业的评估，排除了妞妞因本事件可能导致的消极极端念头。通过多次与妞妞的心理治疗、充分的倾听与共情，妞妞的父母了解了妞妞在此事件中出现的愤怒、沮丧、尴尬与羞耻，为妞妞的情绪表达提供"安全基地"。同时在一次治疗中，我的同事邀请了妞妞的爸爸妈妈，大家共同探讨了尊重妞妞隐私的重要性，并对可能产生的侵犯隐私的行为进行了界定，教授家庭沟通技巧，帮助家庭成员理解妞妞的感受，并支持妞妞对以后可能出现的"侵权"行为进行表达。经过一段时间的治疗，妞妞逐渐愿意回家，防止了本次事件导致的进一步伤害。

小秘密，助成长

孩子的独立性和自尊心逐渐增强，标志着他们已经发展成为有个人隐私的个体。他们不再像幼年时那样无拘无束地与父母分享一切，而是随着年龄的增长，构建了一个更加成熟、私密的个人空间。这个私人领域是孩子自己的小天地，他们可能会用细微的方式来标示出一条"界限"。这条"界限"意味着即使是父母也不应该随意侵入。然而，一些父母可能无法恰当地理解和尊重孩子的心理需求，试图通过各种方式探查孩子的私事，并试图让孩子按照他们的期望来塑造自我。这种出于"爱"的行为，反而可能激发孩子的反抗情绪，对孩子的健康成长造成不利影响。

（黄烨）

第 6 节　摆脱孤立，帮孩子融入集体

案例故事 📖

最近每次体育课都让小文感到害怕，当同学两两组队跳绳或仰卧起坐练习时，似乎所有的同学都有意避开她，短时间内迅速组队，留小文一个人站在操场中间手足无措，最后不得不跟老师搭档。除此之外，

小文多次在书桌内发现别人吃剩的早餐，四周望去，同学们窃窃私语，好像很期待看到她发脾气，但当她真的发脾气，所有

人却像隐身了一样，没任何反应。在学校里，小文一个人吃饭，一个人上厕所，一个人发呆，原本活泼开朗、成绩优秀的小文渐渐地不爱说话，成绩下降，上学磨蹭。有次在爸妈的催促上学声中，小文出现了剧烈的恶心、呕吐、腹痛，爸爸妈妈以为她吃坏了肚子，跟老师请假时，老师告诉他们，这一周小文几乎每天都会迟到，问及原因也一言不发。爸爸妈妈回过头来想想，好像小文从来不曾在他们面前提过其他同学，也没有听说过跟哪个同学出去玩，每天回家就把自己关在房间内，家人试图跟她交流时，会因为很小的分歧大喊大叫，甚至摔门。小文到底怎么了？

案例解读 🔍

1. 小文怎么了？

对孩子来说，学校很像另外一个家，里面有很多的"兄弟姐妹"，每天大部分时间需要待在这里，大家一起学习，一起玩耍，一起应对发生的各种事情。但如果在这里，没有同学跟她玩，她说的话没人听，她发脾气别人看不见，她有好吃的、好玩的找不到人分享，那么她可能被其他孩子孤立，受到了排挤。被孤立的原因很多，可能是长相，可能是独特的行为习惯，可能是家庭经济背景，甚至可能是经常被老师表扬等。被孤立的方式也不尽相同，可以是所有人都不跟她说话，集体活动时不愿意跟她组队，朝她的课桌内扔垃圾，甚至是身体的霸凌。在长期被孤立的状态下，孩子会出现各种情绪、行为及躯体症状，甚至对今后的脾气性格产生深远的影响。

2. 被孤立的孩子会有哪些表现呢？

孩子在儿童期开始确立自我意识，并形成清晰的群体概念，从而表达一定的社会交往需求。然而，对于像小文这样的孩子，社交需求长期受阻，可能会出现哪些适应不良的表现呢？

在小文的故事里，我们清晰地看到了小文被孤立时的表现。在情绪方面，被孤立的孩子会因为很小的分歧向父母大喊大叫，甚至摔门；从原来很开朗的状态变得不爱说话，沉默寡言；在长期向外寻求沟通无果的情况下，很多孩子陷入焦虑、抑郁、愤怒、恐惧、内疚、自责、自我否认的泥潭，他们在校很少言语，郁郁寡欢，而回到家中闭门哭泣。在行为方面，他们变得退缩，一个人吃饭、一个人完成课业，即使亲人鼓励，也无法外出与同学玩耍；在家期间会因为很小的事情发脾气、打砸家具，或做出其他莽撞行为；久之，这样的孩子开始失眠、厌学、拒学，甚至出现自残、自伤等极端行为。某些表达力稍弱的孩子可能出现一系列躯体适应不良的反应，如恶心、呕吐、头痛、腹痛、暴饮暴食，他们多次急诊入院，每次的全面检查均未发现明显异常，但只要涉及上学相关问题，上述症状会反复出现。

3. 被孤立对孩子有什么影响？

被孤立的孩子在长期的负面情绪及行为影响下，会出现一系列的影响，包括：①变得厌学，甚至拒学。社会性是人的基本属性，对于青少年来说，与他人互动，获得他人认可至关重要，如果孩子在学校被孤立，等于他向周围人发出的任何信号，别人都装作不知道，没有接收到，孩子就会因为厌恶这样的社交环境而变得厌学，甚至不愿再去学校。②性格变得孤僻、敏感或容易讨好他人。当孩子一再向外发出社交信号受阻时，会产生很强的挫败感，认为"大家都讨厌我""是不是我太糟糕了，别人才会不喜欢我"，他们会时刻反思自己是否做错了事情，要做什么别人才能喜欢自己，有的孩子会根据别人的喜好行事，尽管自己不喜欢，长久以后会变得孤僻、敏感、多思多虑或者无原则讨好他人。③变得特立独行。有些孩子被孤立后，会寻求独特的自我表现方式，如染发、文身、佩戴与当前身份不符的装饰，与社会公认的"坏孩子"一起恋爱、逃课、不务正业等。

那么，如果孩子被群体孤立，我们该怎么做，才能帮助孩子快速融入朋友圈呢？

应对策略

面对孩子在学校被孤立，家长、学校甚至医学专家，需要从多个方面入手，给予孩子全方位的支持。这不仅需要情感上的温暖与耐心，还需要科学的引导与策略。

1. 家庭应对策略

家庭永远是孩子遮风挡雨的避风港，父母则是浩瀚大海中坚定温柔的摆渡人。当很多父母突然发现孩子在学校被孤立时，可能首先就是愤怒，会反复地问："我的孩子到底做错了什么，让你们这么对待他？""你们凭什么欺负我的孩子？"有时也会对孩子愤怒发问："你连这么简单的事情都做不好，以后怎么走上社会？"继而焦虑、抑郁，开始担心孩子受到伤害，担心被孤立会影响孩子以后的性格，甚至影响他的一生。如果父母也跟孩子一起陷入情绪漩涡的话，这个家庭都会因此失去正常的运转功能。那遇到孩子被孤立事件，父母应该怎么办呢？

🍀作为家长，要学会驱逐焦虑，稳定自己的内核：尝试以孩子的视角融入他们的生活空间，尊重孩子每一个"荒诞"的想法，同时身体力行创建良好的家庭氛围和成员之间的友爱关系，从而让孩子积极模仿，潜移默化中养成尊重他人、包容友善的品质。

🍀学会倾听与理解孩子：孩子在学校被孤立，有很多情绪需要抒发，有很多的委屈需要诉说，我们不妨趁此机会加强与孩子的沟通交流，安静听孩子说，不急于反驳、"贴标签"或提供意见，认同和接纳孩子在那个状态下的情绪及行为，实时给一些身体的反馈，让孩子感受到"是有人在听我说话的，我是被关注的"。

🍀跟孩子一起分析被孤立的原因，寻求调整方向：孩子爱打小报告、不讲卫生、不会表达，亦或因为某些小事，针对性地引导孩子养成符合社会规范的行为，如不打小报告、讲卫生、不说脏话、遇到事情站在他人的角度思考等，教育孩子规范社交行为、用事实赞美他人等，帮助孩子更好地融入学校集体。

最后，如果孩子经过努力仍无法改变被孤立的状态，作为家长可以积极与老师沟通，通过老师了解孩子被孤立的原因，积极与有矛盾的孩子消除误会。鼓励孩子先交一个朋友，为孩子与朋友的交往提供环境，如生日时举办生日会，邀请1到2名同学参加等。用自己的实际行动告诉孩子，我愿意做你坚强后盾，助你度过这段特殊的时期。

2. 学校应对策略

当孤立发生时，与学生朝夕相处的老师可能会第一时间感觉到。

🍀了解孩子被孤立的原因，有意识地引导至关重要：是孩子的某些言语及行为超出平常？或是某些孩子联合同学恶意的霸凌？老师都需要了解清楚，同时与当事孩子仔细沟通交流，及时制止发生的不适宜行为，教授孩子可能的社交技巧。交谈过程中避免一刀切，不能只是一味指责，也需要看到孩子在处理这件事中有利或积极的方面。

🍀当我们发现某位孩子被孤立后，应及时积极主动将孩子的情况告知家长，争取家长配合，利用老师的"地位优势"，拉动家长间的沟通交流，以期用家长更成熟的方式解决问题。

🍀可在学校设立"吐槽小屋"等类似心理咨询部门，让孩子在需要时能够跳脱被孤立的环境，寻找专业的第三方老师，处理在此过程中出现的愤怒、焦虑、抑郁等情绪，学校也能在第一时间了解事态的进展，必要时启动危机干预。

3. 专业应对策略

经过小文父母不懈的努力，小文不再易怒、敏感，也愿意偶尔走出房间跟家人聊聊，甚至同意跟爸爸妈妈见一见心理医生。通过与医生的交流，小文"感觉被看到了"，也恍然间理解了情绪很稳定的自己为什么愤怒，为什么会莫名哭泣，为什么明明看了很多次医生，做了很多检查都没有问题，却一再肚子痛。在诊室，医生也邀请了小文的爸爸妈妈一起参与治疗，希望加入家庭成员间的通力协助，帮助小文稳稳地解决此次事件。另外，心理医生试图挖掘小文的潜在优势，助力其加强自身力量、教育小文如何迅速调整身体紧绷的状态，加强情绪的控制能力、共同探讨在该事件中经常出现的不良认知，指导更有利的行为发生。

爱与成长的交响曲 ♪

逃离"孤岛"

在学校中遭遇孤立，是青春期孩子成长过程中可能面临的重大挑战之一。这种经历可能会对孩子的心理健康和社交能力产生深远的影响。为了帮助他们克服这一难题，家庭、学校和专业心理干预的共同努力至关重要。通过提供情感上的支持、环境调整和专业的引导，孩子们可以学会如何应对孤立带来的不良影响，并最终发展出更强的独立性和自信心。

家庭是孩子情感支持的首要来源。父母通过与孩子进行持续的沟通和交流，可以加强亲子间的情感联系，让孩子感受到无条件的爱和支持。这种情感的安全感是孩子面对外界挑战时的重要力量。家长应该鼓励孩子表达自己的感受和想法，同时也要耐心倾听，给予积极的反馈和建议。

在学校方面，教育者和学校管理层可以通过多种方式来创造一个更加包容和友好的学习环境。例如，可以组织各种团队合作的活动，鼓励孩子们相互协作，从而减少孤立感。此外，学校还可以提供一些社交技能培训，帮助那些在社交方面遇到困难的孩子提高他们的沟通能力和人际交往技巧。

专业的心理干预也是帮助孤立孩子的重要手段。心理咨询师可以通过一对一的咨询，帮助孩子识别和处理他们的情绪问题，提供个性化的指导和支持。这些专业指导可以帮助孩子建立自信，学习有效的应对策略，建立和维护健康的人际关系。

（黄烨）

第7节　面对厌学与拒学的挑战

案例故事 📖

小郑，一个13岁的男孩，日常性格较内向、腼腆，表现乖巧。他进入初中后第一次住校，初一开学后的摸底考试成绩位于下游，紧接着在学校出现肚子疼、恶心、呕吐。此后，小郑电话联系父母称"不想上学"，学校老师先让父母接他回家检查身体。此后只要父母一提到上学，他就会肚子疼、全身抽动，每次持续10~20分钟不等。父母不敢再提上学之事，在家待了半年多，曾在儿童医院神经内科住院一个月，但没有发现任何器质性疾病。

小郑的父母感到非常困惑和无奈，甚至达到精神崩溃状态，经儿童医院神经内科主治医师建议，他们决定寻求专业医疗机构帮助，并把希望寄托在医师与心理治疗师的身上。

案例解读 🔍

1. 孩子为什么不想去学校?

儿童青少年普遍有厌学现象,而且多种因素相互作用:糟糕的家庭(温床)、压力重重的校园(推力)、特质鲜明的青少年(易感人群)、利弊难辨的新事物(拉力)以及精神心理问题导致拒学。这个故事中的主人公小郑,性格较内向,第一次住校,加之学校摸底考试成绩不理想后出现厌学情绪,主要表现为焦虑、抑郁、失眠、不明原因的躯体不适,最显著的就是腹痛。现实中,厌学由多种因素导致,如学习困难、成绩下降、注意力不集中、缺乏学习动力与目标;有些孩子甚至有逃避行为,如逃学旷课、拖延、沉迷游戏;严重者社交退缩,有自卑感、自我封闭。

近些年,以拒绝上学来到专业医疗机构寻求帮助的儿童青少年有所增加,原因主要是:①避免接触与学校有关的会引起其负面情绪的对象或情景,如被批评、被罚站;②逃避反感的评估性或社会环境,如考试没考好的排名、学习成绩退步等;③寻求更多学校以外的正性奖励体验,如玩游戏、买喜欢的礼物;④引起照顾者的关注,如父母关系紧张,可能面临离异时,获得家人关注,以便转移隐蔽或激烈的家庭冲突或危机等。

2. 什么是厌学? 拒学又是什么?

厌学是指因为各种原因拒绝或无法在学校完成学业的行为。我国有 22.5% 的中小学生有过拒学行为。青少年的发生率高于儿童,男生多于女生。厌学现象中最突出的就是拒绝上学。拒学就是指主动拒绝上学或难以整天坚持在课堂上学习，包括上课中途离开学校或完全不上学，早晨起床发脾气、出现肚子疼痛等不适，哀求父母及家人允许其待在家里或在家中完成学习与功课等回避上学行为，父母有着不得不允许孩子留在家中的苦衷。

从小郑的故事里，我们清晰地看到了家长和老师在面对厌学和拒学时的困惑和无助。他们不知道如何真正帮助孩子从困境中走出来。

应对策略

面对厌学或拒学，家庭、学校、医疗机构需要从多方面做好应对，给予孩子身心的全方位支持。

1. 家庭应对策略

家庭是孩子爱与安全、归属的港湾。对于像小郑这样首次离开家庭，进入新鲜又陌生的学校环境前，让孩子获得早期学习经验显得很关键。

🍀家长明确自身角色与责任：家庭在孩子心理成长中起着举足轻重的作用。鼓励父母培养孩子的独立和自主，鼓励孩子表达他们担忧等任何情感体验，增加亲子间的正性依恋体验。同时提升家庭功能，建立充满温馨、关爱、尊重与支持的家庭氛围，包括合理的父母角色期望与满足，共同应对来自学校（学业）和社会（消费）的"威胁"。

🍀良好的家庭沟通、支持以及冲突解决：家长需要及时、精准地回应孩子的诉求，放大孩子的优点，表达出父母对孩子的接纳与认可，让孩子获得安全感与归属感，避免因为未被认可或被忽视的误解而出现大喊大叫、行为失控。

✿调整家庭教育方式，正确认识孩子情绪：到了青春期，父母需要和孩子共同制订规则，慢慢过渡到公平原则，并给予共情、亲密感等情绪养育。

✿鼓励家长与学校建立工作联盟：如积极的团体心理辅导活动课，让孩子适应与父母的分离、学校的融入。提升系统功能，即家校双方的优势与应对策略，家长与教师保持联系，了解孩子在校的表现，配合制订个性化的支持策略。

2.学校应对策略

✿营造宽容、温馨的学校氛围：①以包容的态度、稳定的情绪接纳新生。学校可以组织迎新活动，介绍校园的软件、硬件设施、各类学习资源与社团活动，让老生帮助新生尽快了解校园环境以及各项服务内容。②开展适应训练课程，帮助新生适应新的学习方式与方法；③建立微信群等交流平台，鼓励新生之间相互交流、分享解决问题的经验。

✿建立完善的学校心理健康支持体系：通过设立学校心理咨询中心，为新生提供心理辅导与支持，帮助解决适应困难等问题；并加强与新生家长的合作，及时反馈新生在校的生活与学习情况，关注新生的成长。另外，了解新生基本情况，有计划地开展团体辅导课或兴趣小组，如合唱团、球类运动等，让孩子们适应没有家长陪伴的校园生活，为孩子们在校的独立生活建立自信。

❀构建家庭、学校、社会、医疗机构支持防护网：通过制订明确的复学政策，加强家校沟通，并依托社区提供的心理健康服务资源及医疗机构的专业保障，为青少年心理疾病康复后的复学提供有力的支持和保障，帮助他们顺利回归正常的学习和生活轨道。此外，可以请专业医疗机构进学校开展全员心理科普讲座，提高学生的心理韧性；还可以在学校开展师资培训，加强心理老师、班主任等对学生不良情绪与行为问题的识别与干预，提升心理干预的整体能力。

❀其他：通过改进课程设置与教学方法，如设立人工智能及航模等课程，使校园文化更好地适应当代学生的个体发展特点，激发他们的学习兴趣和创新潜能。

3. 专业应对策略

在小郑的故事中，起到关键作用的是专业的心理干预。医生通过共同协商设定专业治疗目标以及共情、注意力、自我觉察与调节等心理疗法的积极引导，必要时使用药物治疗，帮助小郑逐步控制不良情绪和躯体症状，最终缓解其主观压力。

❀制订专业治疗目标：即刻目标，即与家庭一起参与治疗，并确保青少年安全；短期目标，则以减少症状为核心，与青少年开展与之相符的活动，并保持医疗评估；长期目标，则以消除或最小化症状以及心理压力源为工作核心，发展青少年的应对技能，恢复其符合其年龄的活动。

❀配合医生的专业诊治：通过与小郑建立信任的医患关系，

排除躯体器质性疾患后，帮助其理解生理以及心理症状之间的关联度，识别症状发生、维持、恶化的要因，进而通过药物或适当的心理治疗帮助其渡过难关。

❀认知行为疗法：侧重于改变小郑自身与症状互动的认知和行为，通过有洞察力的补救教育来治疗，提供应对策略，优化社交学习能力，促进社交适应，缓解躯体症状及心理痛苦。

❀正念疗法：基于注意力和自我调节，促进小郑生理或心理的非评判性接受，减少对不良经历的反思和灾难化倾向。

❀人际心理治疗：帮助小郑了解疾病发展变化与生活事件之间的关系，学习处理人际问题的方式。

❀家庭治疗：引导孩子共情家庭处境，引导父母理解孩子的情感需求，促进家庭满意度和对生物－心理－社会治疗模式的接纳，改善躯体症状，减少复发。

❀其他：中医治疗、分级活动训练、音乐疗法等缓解主观压力并减轻躯体症状，也可以通过宣教、访谈、结构化咨询与布置作业，帮助孩子自我管理与自我成长。

此外，李旭博士提出的探究厌学原因、反思家庭功能、柔化亲子关系、管理网络成瘾、启动学业目标与实施复学拉锯"六步法"，可以使家长改变思维模式，给予孩子悉心陪伴的同时，一起帮助孩子应对挫败事件，重新激发学习动力。

爱与成长的交响曲 ♪

言宜慢，心宜善：家长能量磁场助力成长

小郑同学的故事让我们明白了家庭是生活、工作、学习的

港湾，我们要习惯先讲感情，系统理解孩子的突出心理问题以及心理问题背后的心理需求。做成熟的父母，将父母的冲突圈养起来，避免孩子的卷入，同时接纳和承认孩子的不足；做善解人意的父母，把建议放在后面，先真诚地安抚孩子的痛苦；做有智慧的父母，帮助和陪伴孩子寻找属于孩子的方向，做孩子情绪的缓冲垫，培养孩子面对逆境的能力，对孩子任何微小的进步都给予积极的关注和反馈；做独立的父母，该放手时就放手，让孩子享有享受成就感的权利！

（万恒静）

第8节　戒不掉的"瘾"：游戏和网络

案例故事📖

　　这是发生在笔者身边的一个真实故事。就在刚刚过去的暑假，14岁的男孩小张和父母及好友一行人来到第一个农村革命根据地井冈山进行一场红色之旅。可是，每逢到达一处革命旧址遗迹，尚未参观完毕，小张就迫不及待地想回住宿的宾馆，甚至连吃饭也是无所谓的态度，整个人看上去无精打采的样子。在等待回宾馆的大巴士时，更是不停地唠叨"车子怎么还没来，还要等多久啊"。父母被问得没耐心，忍不住责备他，他又急着辩解说："天气太热了，防晒霜并到眼睛里了，疼极了。"旁边友人的一个10岁男孩小明悄悄和我说："小哥哥急着回宾馆是要在 iPad 上玩游戏。"我说："他爸爸妈妈和他约定好了每天上网时间和玩游戏时间，早回去没用吧。"小明说："你看吧，到时候他会想办法多玩会儿的。"事后，就听见小张妈妈在抱怨："前面叫你吃晚饭不吃，说不饿，急着玩 iPad，现在这么晚了，哪里还有外卖。"小张爸爸偶尔劝说孩子一下，而小张和他妈妈母子俩则上演着怼来怼去的"剧本"。我忍不住私下找小张妈妈聊了许久，包括小张的学习、兴趣爱好、日常生活起居以及在家中的上网时间和游戏时间。原来，小张今年上初二，是一个还成绩不错的孩子。进入青春期后，他日常不喜欢做作业，觉得会做题就可以了，是一个比较自我的孩子，也不太会顾及父母的感受，一旦自己的想法或要求得不到满足，就会以发脾气、说负气话，甚至不吃饭、不上学为要挟。自从得到 iPad 以后，小张更是沉浸在网络游戏的世界，只要拿到 iPad 玩游戏就非常开心，时间久了，视力下降明显，不得不戴上近视眼镜。

案例解读 🔍

1. 孩子为什么会对游戏或网络成瘾？

当今世界的孩子生活在虚拟和现实两个平行世界。家长与老师在现实世界看到的孩子，与线上空间里的孩子是两个不同的形象，粗心的父母甚至完全不知晓孩子在两个世界里的差异表现。而孩子则会认为这两种世界的生活方式都是真实的，即使在网络世界也能有深切的情感体验，孩子们在其中既有自己的角色位置又有自己的社交圈，包括自身成长的方向、成就感与幸福的源泉，而孩子们在网络世界的幸福感恰恰是家长们苦恼的来源。双方一旦协商不成功，家长就会采取掐断网络的方式进行干预，那么孩子生存的世界与空间就被关闭。

父母往往不了解孩子真正的兴趣与爱好，如听音乐、打游戏和追剧等，这些活动大多在网上进行。如果网络被禁，孩子可能会失去快乐、学习动力和良好情绪。许多沉迷于游戏或网络的孩子在现实生活中往往缺乏知心朋友和爱好，尤其在面对学业落后、缺少同伴交流、家庭冲突等问题时，他们更倾向于在网络世界中寻求认同和成就感，以逃避现实中的困境和羞辱感。

2. 什么是游戏或网络成瘾？

游戏或网络成瘾是指对游戏或网络活动产生依赖的现象，个体在无成瘾物质作用下，表现出不可抑制地、反复而长时间地参与游戏或使用网络，导致明显的学业、身心和社会功能受损的一种现代心理疾病。网络成瘾是一种逐渐增加的行为，常见网络赌博成瘾、网络购物成瘾等，而网络游戏成瘾最常见，个体会因为戒断网络或游戏而出现剧烈的情感反应和极端行为。成因很多，如在生活中遇到挫折，学业不佳、工作不顺、社交恐惧、缺乏自信或心理空虚等，通过上网寻求一定的解脱和满足，包括自我成就感。

《ICD-11精神、行为与神经发育障碍临床描述与诊断指南》[第11版国际疾病分类（ICD-11）是世界卫生组织发布的一套用于分类和编码疾病的标准]中明确了游戏障碍

（gaming disorder）是指持续性的游戏（电子游戏）行为模式，以线上（如互联网或其他类似网络）或线下为主，具体表现有对游戏行为的控制力受损（起始、频率、强度、持续时间、终止、行为情景），逐渐将游戏置于首位，优先于其他兴趣爱好和日常行为。即使出现诸多负性结果（如游戏行为所致的家庭冲突、学业表现较差和对健康的不良影响），游戏行为仍持续甚至加重，游戏行为模式呈连续性或周期性且反复出现（总体持续12个月以上），游戏行为不由其他精神症状解释，且不由精神活性物质或药物使用引起，导致显著痛苦或个人、家庭、社会、教育、职业等方面的功能损害。被迫减少或停止游戏行为时，其会出现快感消失、敌对或身体攻击行为。

在小张的故事里，他在从事其他活动时感受到对互联网游戏的冲动与渴望，而忽略家庭和社交活动，与父母和朋友的疏远较明显，出现不稳定的情绪与身体功能损害（视力急剧下降）。

应对策略

面对网络游戏成瘾，家长和教育者需要从多个方面入手，并信任与理解孩子。这不仅需要情感上的温暖与耐心，还需要科学的引导与策略。

1. 家庭应对策略

相信每个孩子都可以发展出一套自己与世界相处的方式。家长务必避免陷入"刻板印象"的评判，把权利和责任交给孩子的同时，尽可能支持孩子的成长。

✿联网游戏也是社交：小张父母不是不让孩子玩游戏，而是规定每天作业做完之后玩半小时。那么，半小时的依据从何而来？要知道，有些孩子玩的游戏都是联网的，需要团队合作。等到作业完毕，找小伙伴一起组团玩，也是一个社交行为，如果打到半小时的关键时刻网络没了，孩子被迫下线，那么合伙打的游戏就无法进行，孩子变成"猪队友"，父母无意中变成了破坏孩子社交行为和人际信誉的中间人。

✿不要用粗暴的方式去打断、去干涉：家长需要了解孩子在干什么。作业做完后的自由时间都是孩子的，由孩子进行有计划的安排。因为现实世界里好玩的事很多，如角色扮演、微视频、音乐会、逛街、参观漫展、家庭集体出游……孩子到学校和同学们没有共同的话题、没法社交，更没法融入同学圈子，就会被这个圈子抛弃，真正地影响孩子的社交与在群体中的地位。

✿营造轻松愉悦的家庭氛围：父母在情绪稳定的前提下，与孩子积极沟通，自由表达，互相理解，包括一起讨论学习和作业完成后的自由时间由谁掌控等，共建每个家人生存所需的舒适感、幸福感并存的环境。反之，一个压抑的氛围导致沟通不畅、表达受限、气氛紧张，孩子的快乐不被家长允许，亲子关系非常紧张。现实生活中有些父母自身也非常迷恋手机上网，可以看出手机行为是获取快乐的简单方式之一，需要父母做好自控与平衡，建立或修复亲子关系，避免手机矛盾导致冲突。

2. 学校应对策略

在学校环境中，教师也是帮助孩子战胜网络游戏成瘾的重要角色之一。

❀构建良好的学习方式：设定学习目标与计划，避免长时间（2小时以上）玩游戏或上网；与家长、教师、同学保持交流，积极参加各类集体活动，增强孩子的集体荣誉感。

❀与家长保持密切沟通：教师应与家长保持密切联系，了解孩子在家的表现，构建合理膳食、早睡早起、多听音乐等增强孩子的安全感、信任感、幸福感的学校生活模式。

❀制订符合孩子个性化的支持策略：根据孩子的个人特长与发展技能，提供进一步发展与上升的空间，包括时间、经济等。

3. 专业应对策略

识别、干预游戏或网络成瘾不仅需要家庭对孩子进行心理保护和肩负起对外部文化传承、顺应的职责，还需要学校、政府等资源的整合与保障。

❀认知疗法：引导孩子逐步了解网络和游戏的两面性（利与弊），改变思维模式与行动习惯。例如，沉迷网络带来的视力下降、学业成绩不良等负面影响，以及可调节情绪、解除烦闷、提高人际交往技巧的有利方面。通过在完成规定作业的前提下，向父母合理表达与合理使用网络的需求。

❀家庭治疗：通过与家庭成员的访谈，呈现出成员之间的互动模式、解决问题的方式，觉察到家庭发展中存在的矛盾或冲突。随着孩子的逐渐长大，家庭成员可以通过"谈判"或协商，制订在一定时间内减少上网时间的计划，孩子做到则给予除上网之外的正性激励(满足其之前最想要得到但尚未得到的奖励)，最终达成偶尔上网或者不上网的成效。

☘替代疗法：根据孩子的兴趣爱好，可以开展艺术疗法，如绘画、音乐、写作等创作活动，表达和探索内心的情感，提高情绪调节能力；也可以开展运动疗法，例如，游泳、跑步等，一方面促进孩子的大脑释放内啡肽、多巴胺等神经递质，提升快乐与满足感，另一方面促进孩子的自然疗愈能力和调整身体机能。

☘药物干预：必要时使用抗抑郁药物和心境稳定剂，或接受专业医疗机构的诊治。

爱与成长的交响曲 ♪

爱，让每一刻都珍贵无比

社会内卷，孩子迷恋网络，作为父母和教育者，该如何去理解和支持孩子？孩子上网，也是孩子思考的一种方式，孩子试图用这种方式去感触他真正喜欢的是什么。让青春期的孩子慢慢体验、探索、寻找自己的兴趣爱好，找到能让他自己感到舒适而不用过度执着外界的声音。需要注意的是，网络游戏成瘾是一种最单纯的行为成瘾，而且成瘾背后是孩子的快乐未被家长允许。小张的故事让我们看到了一个小男孩的成长历程，展现了家长、老师和医生在时代的变迁与发展中需要携手并肩，激发学习的动力，促进孩子们的快乐学习与成长。

（万恒静）

第9节　青春不迷茫，营造温暖的避风港

案例故事 📖

最近在被初二年级的家长称为"中考前的放纵party"上发生了一件奇怪的事。班级学习成绩排名第一的小美的妈妈似乎没有像往常一样在聚会上忙前忙后，笑脸盈盈，相反当有家长凑上前想打听"怎么才能把孩子培养得那么好"的时候，

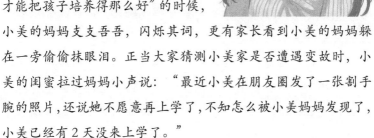

小美的妈妈支支吾吾，闪烁其词，更有家长看到小美的妈妈躲在一旁偷偷抹眼泪。正当大家猜测小美家是否遭遇变故时，小美的闺蜜拉过妈妈小声说："最近小美在朋友圈发了一张割手腕的照片，还说她不愿意再上学了，不知怎么被小美妈妈发现了，小美已经有2天没来上学了。"

此时，小美的妈妈怎么也想不明白，一向懂事听话、引以为傲的女儿为什么要自我伤害？要不是她用微信小号发现女儿割手腕的事实，她还一直以为大夏天女儿裹得严严实实是为了防晒，而且年年考第一的女儿竟然在中考前说她不愿意再上学了！心急如焚的妈妈顾不上暴露自己偷看微信的事实，迫不及待质问小美："为什么割手腕？为什么不上学？"得到的回应只有小美歇斯底里的爆发后"嘭"的关门声以及无声的哭泣。全家人也因为这件事开始相互埋怨，家庭氛围降至冰点。小美的妈妈试图解锁小美突然的变化以及帮助小美走出困境的方法。

小美的妈妈与学校老师沟通后被告知，小美最近与班级一位确诊抑郁症的同学走得很近，每天待在一起，似乎有很多的共同话题。听说小美曾经想去医院探望该同学，但被妈妈否决了。老师也认为小美这么开朗，不会有问题，并且告诉小美如果有疑问可以去找学校的心理老师咨询，也可以参与学校的一些心理课程，需要老师的时候可以及时寻求帮助。在班级同学告知老师小美自伤的时候，老师第一时间联系了小美的爸爸妈妈，建议带她去医院就诊。在心理诊室，小美哭着告诉医生："从小家人就对自己的期望比较高，即使考95分也会被'骂'，周末从来没有休息时间，在各个辅导班'游走'，每次考试第一的期望都是莫大的压力，只有看着手臂上鲜血流出时才能感觉自己是为自己活着，这些伤口，是我自救留下的痕迹。"经过医生评估，小美有重度抑郁症状，给予药物治疗，同时安排小美与爸爸妈妈定期约见心理医生进行家庭治疗。之后，在心理治疗期间，小美偶会有情绪波动，她会拨打"962525"心理咨询热线，并不定期参与社区的"心理科普小课堂"。虽然小美暂时还没有回到学校，但与班级的闺蜜一直保持电话及线下的联系，目前主要在家里进行自学，期待能进入高中学习。

案例解读🔍

1. 孩子为什么会自伤或自残？

青春期孩子已经清晰地认识到需要找到自身的特点与优势，但是对于父母来说，可能还没有适应孩子有自主性表现这一状况，会觉得孩子是故意做一些事情反抗父母，实际上孩子是为了做自己而反抗父母。对于小时候特别听话的孩子，青春期会变得更加叛逆，其实是因为之前太听话了，当他有自主性的时候，父母就特别不能接受，适应起来也更加困难，因为父母已经适应了孩子特别听话的一种沟通模式，所以青春期父母表现得特别焦虑。当然，父母给予孩子自主的度也会因为家庭的价值观不同而不一样。父母知道孩子会长大成人，也愿意把作为成年人的独立空间、做决定的权利交给孩子，但是通往这个方向的路径是曲折的。双方在此互为进退与反复，适度的争吵、冲突、互相埋怨和不理解也是正常的，甚至孩子最终经过与父母博弈才获得自主的权利。

孩子自伤或自残行为多由复杂因素共同作用引发。从心理学层面来看，孩子可能因情感调节能力不足、自我认同和评价困扰，或有抑郁症等心理障碍时选择自伤作为一种不健康且极端的应对方式，试图通过身体的疼痛来缓解情绪或获得一种"扭曲"的存在感。面临不良的家庭环境如缺乏关爱、父母过于严厉或家庭暴力，会使孩子承受巨大的心理压力，可能会将自伤视为一种逃避或应对压力的手段；另外，校园霸凌对孩子的心理健康也会造成严重的心理创伤，从而产生自伤行为。从生物学角度来看，自伤行为可能存在一定的遗传倾向，大脑中某些化学物质如血清素的异常，会导致孩子情绪调节困难，从而增加自伤的风险。此外，孩子还可能因模仿他人或试图寻求关注等原因而采取自伤行为。案例中的小美从小经历过于严苛的家庭环境，情绪调节能力不足及同伴影响而出现自伤行为。

2. 什么是非自杀性自伤?

非自杀性自伤(NSSI)是指个体在无自杀意图的情况下,故意破坏身体组织以达到特定目的的行为。这些个体采取一系列故意、直接、反复对自己身体造成伤害,不会致死,且不被社会所认可的行为,这些行为令人费解、不安且难以理解。近几十年,这种情况受到专业人士和公众的广泛关注,国内学生的 NSSI 终生发病率可高达 24.7%,女生为 26.5%,男生为 27.7%。NSSI 的发生过程往往包含负性情绪、消极认知、躯体表现和行为表达的整合反应。NSSI 通常首发于青少年(早期),起病年龄在 12.5 岁并持续多年,常见方式包括切割、撞击头部、灼烧等,严重影响个体社会功能,显著增加个体自杀的风险。NSSI 存在促发事件,通常指给个体带来应激的负性生活事件,如与家人发生激烈争执、人际与学业方面的挫败等,特别是易感性强的孩子更倾向于将 NSSI 作为负性生活事件的应对方式。

在小美的故事里,我们清晰地看到了家长和老师在面对孩子自我伤害时的无助。妈妈认为孩子取得优秀的学业成绩是非常重要的任务。但是,小美在面对父母的要求时感到为难,不能感受到自己存在的意义,同时会因为实现不了妈妈的期望而感到自责,最终通过割腕的方式和妈妈悄悄"对抗",从而减轻自责并寻找自己生命的意义。

应对策略

面对自伤(自残)类事件,需要从家庭、学校、社区、医疗机构、政府多个部门入手,净化网络环境,防止诱导青少年产生 NSSI 行为或滥用暴力，给予孩子情感上的温暖与养育，还需要系统、科学的干预。由此完善"家庭—学校—医疗体系—社会"识别与预防 NSSI 体系，为 NSSI 易感人群创设一个安全稳定的成长环境至关重要，家庭、学校、医疗体系乃至社会应联动起来。家庭应建立相对独立但关系稳定的沟通氛围，关心子女睡眠质量与情绪、有无校园霸凌或不公平遭遇，家人掌握尽早识别问题的知识等；学校需要保证学生学习环境的安全性，消除校园霸凌等潜在因素，保障学生的饮食与睡眠质量，做好定期的心理疏导，应在可能引发强烈情绪波动的事件发生后，关注负性情绪的发生，防止在同伴群中的传播，及时告知并干预，做好家庭与医疗体系的中转站；医疗体系应与社会媒体、社区工作者合作，通过宣教、科普的方式，推动大众对该现象的认知和预防等。

1. 家庭应对策略

家庭是孩子获得爱与温暖的港湾，也是父母与孩子共同幸福成长的基站。父母也有责任不断学习与提升，保持家庭成员之间的良好沟通模式与频率。对于像小美这样经历过考试焦虑与抑郁导致自我伤害的孩子，父母的价值观以及家庭养育的方式方法至关重要。

❀家庭沟通与冲突解决：青春期是孩子到成人的过渡期，营造平等、爱意、安全、信任的家庭氛围非常重要。青春期前孩子比较听话，到了青春期开始追求一定的平等，此时的孩子叛逆，其实是为了找到自己，因为此阶段孩子的主要心理任务就是"自主性"。从出生至今，第一次比较清晰、完整地意识到"我是我，我要去做我想做的事情"。当然这时期的孩子是不是真的有这个能力，是不是真的确定自己要做什么，对许多事情的判断是否成熟，如果带来危险或者无法承担的责任怎么办，这是父母很现实的担心与顾虑。当父母承担巨大的不安和失落时，就是对父母巨大的挑战和痛苦的感知。此外，国内父母的文化观念导致他们的重心在于孩子，尤其是父母的职业或事业处于巅峰期之后，势必会将注意力放到下一代的孩子身上，当孩子的选择与父母不一致时就会有双重压力，所以说青春期是一个充满挑战和机遇的阶段。对于孩子来说，这是他们探索自我、追求独立的关键时期；对于父母来说，这是他们重新认识孩子、调整教育方式的重要时机。

🍀鼓励孩子做自己：家庭教育中，需要鼓励孩子去发展"自主性"，即找到我是谁，这也是教育的核心目的。让孩子找到生命的意义、找到最舒服自在的时候、做什么事情最享受，而不是将父母的人生观、价值观强加给孩子。如果父母对孩子说全家的希望都寄托在他身上，从而让孩子变得特别听话、有担当，甚至少年老成，实际上这是让孩子照顾他的家庭、承担家庭的一些责任，会阻碍孩子探索自己的热情和生命力，这对孩子是不公平的。

🍀教会孩子应对自己的情绪：研究表明，当诱发事件引发个体体验到负性情绪，而个体无法采取合理的情绪表达和调节时，便可能通过 NSSI 来回避负性的情绪体验。因此无论在常规生活中还是面对负性生活事件，都应该引导孩子准确识别、有效表达和合理选择情绪调节的策略，提高心理韧性（指面对压力、挑战或逆境能够保持积极态度，快速回复和适应的能力），从容应对。

2. 学校应对策略

有效的识别和治疗至关重要。青少年NSSI可能会持续数年，并且会增加各种心理健康和学校适应问题的风险，会导致极其负面甚至悲剧性的后果，即重复NSSI会明显增加自杀行为的风险。

✿ 做好NSSI的知识培训：NSSI形式令人震惊、令人困惑或无法解释，甚至在成年人中引起强烈的恐惧和愤怒，使得这些问题更复杂的是，NSSI似乎具有传染性，可能会通过学校、群体或年级传播。因此，学校专业人员必须了解如何有效评估、识别和治疗这种情况。

✿ 做好在学校环境中识别的充分准备：首先，需要了解NSSI的表现和成因，如身体伤痕、情绪变化、社交行为等，并分析其与情绪调节困难、压力过大等心理和社会问题的关系。学校应建立全员培训、心理测评、预警系统等识别和干预机制，通过个体和团体辅导相结合的方式进行干预。同时，营造良好的校园环境和文化，常态化开展心理健康教育，培养学生的积极心理品质，并加强家校合作与社会支持，整合家庭、学校和社会资源，共同关注和帮助有自伤倾向的学生。

✿ 建立积极的同伴关系：积极的同伴关系会帮助孩子体验到与他人之间高质量的接触，从而在其中获得自我认同以及自我效能感的提升，并可作为情绪表达和调节的有效路径，帮助我们获得被关注和被支持，这对于生活事件的解决很重要。但在同伴关系中需要避免 NSSI 等不良应对方式的社会学习，就如小美和确诊抑郁症的同学产生很多的共同话题，存在传递负能量的可能。

3. 专业应对策略

识别和预防非自杀性自伤行为（NSSI）需要综合干预。关注孩子个体发展和家庭环境是关键，同时要整合社会心理资源提供支持。

🍀合理情绪疗法：引导孩子建立情绪容器，学会自我关怀、宽容和变通。例如，让小美想象一个美丽的花瓶或其他专注对象，观察情绪，提取情绪背后的想法。

🍀人际关系疗法：教会孩子向他人求助，学会寻找能倾听、尊重和接纳自己情绪的人，诉说想法和感受。虽然他们可能无法直接解决问题，但能陪伴情绪流动，帮助孩子自我觉察、反省和成长。

🍀放松与减压：根据孩子的兴趣爱好，教孩子一些放松技巧，如肢体放松、正念呼吸、阅读、运动、音乐疗法等，帮助孩子缓解压力。

🍀家庭治疗：评估家族心理疾病风险、家庭应激史及学业压力导致的抑郁、焦虑程度，通过循环提问等技术让家长了解青少年心理需求和拒绝约束的原因，使家庭成员在应对 NSSI 时增进情感与安全感。同时，让家庭成员了解家庭生活周期及发展任务，为孩子青春期自我意识的发展提供最佳方案。

❀药物干预：必要时使用心境稳定剂，结合心理治疗或物理治疗（如重复经颅磁刺激），在保护隐私的前提下，接受专业医疗机构的诊治。

爱与成长的交响曲 𝄞

让我们一起为孩子点亮心灯！

青春期的孩子正面临生理、认知、人格发展的关键时期，需要家庭满足子女的养育、社会化与支持等功能。此阶段孩子们的心理活动复杂多变，生理和心理迅猛发展，再加上学业及人际关系的压力，常常会出现各种心理和行为问题。家庭环境与养育方式对青少年的身心发展至关重要，需要父母针对孩子的各种心理需求做出及时、合理的回应。父母的角色不仅仅是监护人，更是引导者和支持者，帮助孩子们理解自己的情感变化，做出积极的选择；帮助孩子们建立自主与自信，建立开放和诚实的沟通渠道，使他们感受到被理解和尊重，并愿意分享自己的真实想法；设置合理的界限和规则，帮助孩子理解责任和后果，培养他们的自律与自控力。

青春期父母的角色是多元化的，需要在关爱和自由、指导和独立之间找到平衡。通过有效的沟通和接纳，帮助青少年顺利度过这个充满挑战的时期。

（万恒静）

从 2024 年 12 月起，12356 热线将作为全国统一心理援助热线，2025 年 5 月 1 日后，12356 可与各地现有心理援助热线连接。

全国统一心理援助热线	12356
青少年法律与心理咨询热线	
电话：12355	服务时间：9:00~19:00
服务对象：青少年	主办单位：共青团
启明灯～中国科学院大学心理援助热线	
电话：4006525580	主办单位：中国科学院大学心理健康教育中心
服务时间：24 小时	
清华幸福公益心理服务热线	
电话：4000100525	主办单位：清华大学心理学系、幸福公益
服务时间：非节假日 10:00~22:00	
华北地区	
【北京】	
8858 心理援助热线	*北京市心理援助热线*
电话：010-88585821	座机用户拨打：800-8101117
服务时间：8:30~17:30	手机用户拨打：010-02951332
主办单位：北京市卫生健康委	服务时间：24 小时
	主办单位：北京心理危机研究与干预中心

【天津】 天津市心理援助热线 电话：022-88188858	服务时间：24 小时 主办单位：天津市安定医院
【河北】 河北省心理援助热线 电话：0312-96312	服务时间：24 小时 主办单位：河北省精神卫生中心
【山西】 山西省心理援助热线 电话：0351-8726199	服务时间：24 小时 主办单位：太原市精神病医院
【内蒙古】 内蒙古自治区 12320-5 心理援助热线 电话：0471-12320 接通后按 5	服务时间：24 小时 主办单位：内蒙古自治区精神卫生中心
东北地区	
【辽宁】 辽宁省心理援助热线 电话：024-96687 服务时间：24 小时 主办单位：辽宁省精神卫生中心	沈阳市心理援助热线 电话：024-23813000 服务时间：24 小时 主办单位：沈阳市精神卫生中心
【吉林】 长春市心理援助热线 电话：0431-8968 5000 0431-12320 接通后按 6	服务时间：24 小时 主办单位：长春市第六医院
【黑龙江】 哈尔滨市心理暖助热线 电话：0451-8248 0130	服务时间：24 小时 主办单位：哈尔滨市第一专科医院

华东地区	
【上海】 上海市心理援助热线 电话：021-962525 服务时间：24 小时 主办单位：上海市精神卫生中心	希望 24 小时热线 电话：400-161-9995 服务时间：24 小时 主办单位：上海生命教育与危机干预中心
【江苏】 江苏省心理危机干预热线 电话：025-83712977 025-12320 接通后按 5 服务时间：24 小时 主办单位：南京脑科医院（江苏省精神卫生中心）	"苏老师"热线 电话：0512-65202000 服务对象：青少年 服务时间：9:00~17:00（工作日） 主办单位：苏州市未成年人健康成长指导中心
【浙江】 杭州市心理危机热线 电话：0571-85029595	服务时间：24 小时 主办单位：杭州市第七人民医院
【安徽】 安徽省心理危机干预热线 电话：0551-63666903	服务时间：24 小时 主办单位：安徽省卫建委、合肥市第四人民医院（安徽省精神卫生中心）
【福建】 福建省心理援助热线 电话：0591-85666661	服务时间：24 小时 主办单位：福建省福州神经精神病防治院

【山东】 山东省精神卫生中心心理援助热线 电话：0531-86336666	服务时间：17:30~21:00（工作日） 主办单位：山东省精神卫生中心
华中地区	
【河南】 河南省心理援助热线 电话：0373-7095888	服务时间：24 小时 主办单位：河南省精神卫生中心
【湖北】 武汉市民热线～卫生热线 电话：027-12320 接通后选择 12320，再选择 3	服务时间：24 小时 主办单位：武汉市精神卫生中心
【湖南】 长沙市心理援助热线 电话：0731-85501010	服务时间：24 小时 主办单位：长沙市第九医院
华南地区	
【广东】 广州市心理援助热线 电话：020-81899120 服务时间：24 小时 主办单位：广州医科大学附民脑科 医院	深圳市心理危机干预热线 电话：4009959959 0755-25629459 服务时间：24 小时 主办单位：深圳康宁医院
【广西】 广西心理援助热线 电话：0772-3136120	服务时间：24 小时 主办单位：广西壮族自治区脑科医 院

【海南】 海南地区热线 海南省心理援助热线 电话：0898-96363	服务时间：24 小时 主办单位：海南省安宁医院
西南地区	
【重庆】 重庆市 96320 心理健康服务热线 电话：023-96320 转 1	服务时间：24 小时 主办单位：重庆市精神卫生中心
【四川】 成都市心理援助热线 电话：028-96008	服务时间：24 小时 主办单位：成都市第四人民医院
【云南】 云南省心理援助热线 电话：0871-12320 转 5	服务时间：24 小时 主办单位：昆明市心理危机研究与干预中心
西北地区	
【甘肃】 甘肃卫生 12320 心理援助热线 电话：0931-12320 转 5	服务时间：8:00~22:00 主办单位：兰州市第三人民医院
【新疆】 新疆心理援助热线 电话：0991-3016111	服务时间：24 小时 主办单位：乌鲁格市第四人民医院 （新疆精神卫生中心）

参考文献

[1] 丁艳华,王争艳,李惠蓉,等.上海62例婴幼儿依恋类型及相关心理发育的研究[J].中国儿童保健杂志,2008,16(2):163-165.

[2] 丁艳华.母婴依恋关系的影响因素及其对幼儿期认知和行为发展作用的研究[D].上海:复旦大学,2012.

[3] 孙玉丽.婴幼儿喂养行为和母婴依恋的关系研究[D].苏州:苏州大学,2022.

[4] 吕雪.母婴依恋现况及影响因素研究[D].苏州:苏州大学,2018.

[5] 孟华云.9~36个月婴幼儿与其母亲依恋水平的干预研究——通过母亲敏感性训练[D].石家庄:河北师范大学,2014.

[6] 罗爽,尹华英,王海梅.新生儿重症监护室早产儿出院后母婴情感联结现况及影响因素研究[J].解放军护理杂志,2022,39(3):57-61.

[7] 谭玉婷.促进父母与婴幼儿依恋关系的策略[J].公关世界,2020, 10:150-151.

[8] 梁熙,王争艳.依恋关系的形成：保护情境中母亲和婴儿的作用[J].心理科学进展，2014(12):1911-1923.

[9] 吴燕.婴幼儿安全型依恋:理论内涵、积极作用与干预方案[J].杭州师范大学学报（社会科学版），2024,46(3):90-100.

[10] 贺金儿.幼儿占有欲的心理分析与调适策略[J].儿童与健康,2023,9:9-10.

[11] 王红梅.幼儿占有欲心理分析和教育策略[J].教育艺术,2022,2:13.

[12] Zocchi S.Temporally extended self-awareness and affective engagement in three-year-olds[J]. Conscious Cogn,2018, 57:147-153.

[13] 钱琦. 孩子爱啃手指甲有因寻[J]. 解放军健康,2021,3:33.

[14] Lee DK, Lipner SR. Update on Diagnosis and Management of Onychophagia and Onychotillomania[J].Int J Environ Res Public Health,2022,19(6):3392.

[15] 罗玲. 如何戒掉啃指甲的坏毛病?[J].健康之家,2017,5:51.

[16] 钱志亮.正视孩子的负面情绪[J].家教世界,2023,5:14-15.

[17] 潘婷婷.孩子太爱哭了，我感觉快崩溃了[J].大众心理学,2022,8:30.

[18] 王艳云.孩子特别爱哭[J].学前教育,2021, 12:3.

[19] 焦佳慧.《哭了？哭吧。》——情绪主题绘本的创作及研

究[D].上海:上海师范大学,2020.

[20] Cenusa M, Turliuc MN. Parents' Beliefs about Children's Emotions and Children's Social Skills: The Mediating Role of Parents' Emotion Regulation[J]. Children (Basel),2023,10(9):1473.

[21] 郑倩云.学前儿童入园焦虑的成因及对策建议——基于马斯洛需要层次理论[J].齐齐哈尔师范高等专科学校学报, 2022,1:12-14.

[22] 杨梅.体育活动对幼儿分离焦虑的干预[J].中国教师,2024, 07:98-101.

[23] 朱珍珍."宝宝"心里苦,家长如何解[J].大众健康,2024, 6:29-30.

[24] 陈爱敏.让时间的"行走"看得见——缓解幼儿分离焦虑的小妙招[J].河北教育(德育版),2024,62(5):39.

[25] 买玉文.家园共育视角下幼儿入园焦虑的缓解策略[J].基础教育论坛,2024,7:104-106.

[26] Jreisat S.Separation Anxiety among Kindergarten Children and its Association with Parental Socialization[J].Health Psychol Res,2023,11:75363.

[27] 张倩.应对儿童夜晚恐惧的绘本创作研究[D].南京:南京艺术学院,2022.

[28] 张妙妙.罗素教育思想中对儿童恐惧的认识及建议[J].河南教育（幼教）,2019,7:35-37.

[29] 吴丽,孙山.幼儿叛逆心理的行为表现与导正策略[J].林区教

学,2020,5:117-120.

[30] 袁晓锬.基于科学教育的幼儿自我意识培养策略探究[J].科学咨询(教育科研),2019,3:164.

[31] 韦臻,何慧静,何曼玉,等.学龄前儿童情绪问题气质特征的研究[J].中国儿童保健杂志,2011,19(12):1122-1124.

[32] 苏青.基于学龄前ADHD儿童认知发展需求的玩教具设计研究[D].杭州:浙江科技学院,2018.

[33] 钱晟.学龄前儿童孤独症样行为与家庭养育环境的关系研究[D].苏州:苏州大学,2021.

[34] 钟颖欣.教师有效应对幼儿消极情绪的策略研究[D].漳州:闽南师范大学,2022.

[35] 刘丽明.家园合作下的幼儿挫折教育优化路径探索[J].新教育时代电子杂志(学生版),2024,6:1-3.

[36] 沈玉英.会社交的孩子才有竞争力[M].杭州:浙江教育出版社,2023.

[37] 阿德勒.儿童教育心理学[M].王明粤,译.成都:成都时代出版社,2019.

[38] 郭兰婷,郑毅.儿童少年精神病学[M].北京:人民卫生出版社,2023.

[39] 刘保健.心理解析:青春期女孩要大方地面对生理变化[J].中学生博览,2024,18:20-21.

[40] 邵婧.学生青春期健康教育常识及保健要点[J].婚育与健康,2023,29(9):190-192.

[41] 陈梅.中小学生青春期叛逆心理的成因及正确引导策略探

究[J].考试周刊,2021,11:17-18.

[42] 刘孟洁,许守明.中学生逆反心理成因及其对策分析[J].新智慧,2021,21:99-101.

[43] 武月.如何培养青春期孩子的情绪掌控感?[J].中学生博览,2024,27:58-59.

[44] 费尔德曼.发展心理学——人的毕生发展[M].苏彦捷,邹丹,等译.北京:世界图书出版公司,2018.

[45] 钱荣.儿童青少年沟通心理学[M].北京:西苑出版社,2020.

[46] 史晓宇,阮琳燕,何丽.他们为什么不上学?中学生拒绝上学影响因素的质性研究[J].社区心理学研究,2023,16(2):193-210.

[47] 李旭.让孩子爱上学习:厌学问题的家庭治疗[M].北京:世界图书出版有限公司,2021.12.

[48] 世界卫生组织.精神、行为与神经发育障碍临床描述与诊断指南（ICD-11）[M].北京:人民卫生出版社,2023.

[49] 美国精神医学学会.精神障碍诊断与统计手册（第5版）（DSM-5）[M].北京:北京大学出版社,2015.

[50] Qu D, Wen X, Liu B, et al. Non-suicidal self-injury in Chinese population: a scoping review of prevalence, method, risk factors and preventive interventions[J]. Lancet Reg Health West Pac,2023,37:100794.

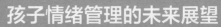

在孩子成长教育过程中，我们碰到不少家庭和老师正在面对孩子出现的情绪问题，甚至因为缺乏相关的知识，未能发现问题或引导方向偏差，引发令人痛心的结局。我们迫切意识到孩子的情绪世界亟待更多的关注。

在本书撰写完成之际，我们回顾从开始萌动撰写的想法到聚集医护人员探讨主题，到今天最终完成，我们内心也无比激动，《好孩子，你怎么啦？——孩子成长过程中的情绪管理密钥》这本书的完成，离不开所有参与者的共同努力与付出，同时也回馈了我们的初心。

我们希望这本书能为那些在孩子成长道路上感到困惑与焦虑的家长和教师点亮一盏明灯，照亮他们穿越孩子情绪与心理迷雾的道路。

探索孩子的情绪宇宙

本书以孩子成长的四个关键时期——婴幼儿期、学龄前期、学龄期、青春期为脉络，通过生动具体的案例故事，科学而系统地引领读者深入孩子的内心世界。

我们采用了案例解析的方式，细致入微地剖析孩子在不同成长阶段的情绪及心理变化的原因，助力家庭与学校正确理解并妥善应对。

科普与爱的融合

在撰写这本书的过程中，我们始终秉持科学的态度和方法。我们广泛搜集研究资料，融合心理学、教育学等多个领域的最新研究成果，力求为读者提供最准确、最权威的信息。同时，我们也深知，科学并非冷冰冰的，它应当蕴含着爱与关怀。因此，我们在书中倾注了对孩子们深沉的爱，希望这份爱能够传递给每一位读者，让你们在阅读的过程中感受到温暖与力量。

照亮成长的道路

我们期待这本书能够帮助更多的家长、教师以及关心孩子成长的人更好地理解孩子的情绪与心理变化，掌握正确的应对策略，用爱与智慧为孩子们的成长之路点亮一盏明灯，不仅照亮他们情绪的迷雾，更能引导他们走向更加宽广、光明的未来。我们相信，通过正确的理解与引导，每个孩子都能健康、快乐地成长，绽放出属于自己的光彩。

给孩子们成长路上一盏灯

在未来的日子里，我们将继续关注孩子们的情绪与心理健康与安全，努力为他们提供更加专业、有效的帮助与支持。让我们携手共进，为孩子们的健康成长贡献自己的一份力量，让爱充满孩子的世界！

复旦大学附属上海市第五人民医院护理科普人